风力发电职业技能鉴定教材

风力发电机组机械装调工——高级

《风力发电职业技能鉴定教材》编写委员会　组织编写

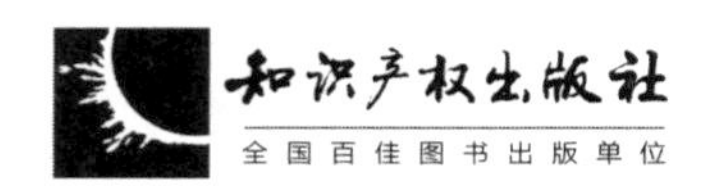

图书在版编目（CIP）数据

风力发电机组机械装调工：高级/风力发电职业技能鉴定教材编写委员会组织编写．—北京：知识产权出版社，2015.12

风力发电职业技能鉴定教材

ISBN 978-7-5130-3906-2

Ⅰ.①风… Ⅱ.①风… Ⅲ.①风力发电机—发电机组—装配（机械）—职业技能—鉴定—教材 ②风力发电机—发电机组—调试方法—职业技能—鉴定—教材 Ⅳ.①TM315

中国版本图书馆 CIP 数据核字（2015）第 271334 号

内容提要

本书在介绍风力发电机组整体结构的基础上，系统的阐述了风力发电机组的制造理论以及装配技术。制造理论主要包括风力发电机组的机械传动系统，液压与润滑系统等内容。装配技术主要包括材料，制造工艺，装配工艺等内容。

本书的特点是遵循国际和国家标准，结合相关风机制造商的生产经验，采用现代技术和方法，坚持理论与工程实际相结合，体现风力发电机组制造和装配的系统性和完整性，突出了典型机型的重点结构。

本书可作为风力发电机组机械装调工培训教材使用，也可供有关科研和工程技术人员参考。

策划编辑：刘晓庆

责任编辑：刘晓庆　于晓菲　　　　**责任出版**：孙婷婷

风力发电职业技能鉴定教材

风力发电机组机械装调工——高级

FENGLI FADIAN JIZU JIXIE ZHUANGTIAOGONG——GAOJI

《风力发电职业技能鉴定教材》编写委员会　组织编写

出版发行：知识产权出版社有限责任公司	**网　址**：http：//www.ipph.cn
电　话：010-82004826	http：//www.laichushu.com
社　址：北京市海淀区马甸南村 1 号	**邮　编**：100088
责编电话：010-82000860 转 8363	**责编邮箱**：yuxiaofei@cnipr.com
发行电话：010-82000860 转 8101/8029	**发行传真**：010-82000893/82003279
印　刷：北京嘉恒彩色印刷有限责任公司	**经　销**：各大网上书店、新华书店及相关专业书店
开　本：787mm×1092mm　1/16	**印　张**：11.5
版　次：2015 年 12 月第 1 版	**印　次**：2015 年 12 月第 1 次印刷
字　数：185 千字	**定　价**：30.00 元

ISBN 978-7-5130-3906-2

《风力发电职业技能鉴定教材》编写委员会

委员会名单

主　任　武　钢

副主任　郭振岩　方晓燕　李　飞　卢琛钰

委　员　郭丽平　果　岩　庄建新　宁巧珍　王　瑞
潘振云　王　旭　乔　鑫　李永生　于晓飞
王大伟　孙　伟　程　伟　范瑞建　肖明明

本书编写委员　潘振云　王　旭　乔　鑫

序　言

近年来，我国风力发电产业发展迅速。自2010年年底至今，风力发电总装机容量连续5年位居世界第一，风力发电机组关键技术日趋成熟，风力发电整机制造企业已基本掌握兆瓦级风力发电机组关键技术，形成了覆盖风力发电场勘测、设计、施工、安装、运行、维护、管理，以及风力发电机组研发、制造等方面的全产业链条。目前，风力发电机组研发专业人员、高级管理人员、制造专业人员和高级技工等人才储备不足，尚未能满足我国风力发电产业发展的需求。

对此，中国电器工业协会委托下属风力发电电器设备分会开展了技术创新、质量提升、标准研究、职业培训等方面工作。其中，对于风力发电机组制造工专业人员的培养和鉴定方面，开展了如下工作：

2012年8月起，中国电器工业协会风力发电电器设备分会组织开展风力发电机组制造工领域职业标准、考评大纲、试题库和培训教材等方面的编制工作。

2012年年底，中国电器工业协会风力发电电器设备分会组织风力发电行业相关专家，研究并提出了“风力发电机组电气装调工”“风力发电机组机械装调工”“风力发电机组维修保养工”“风力发电机组叶片成型工”共四个风力发电机组制造工职业工种需求，并将其纳入《中华人民共和国职业分类大典（2015版）》。

2014年12月初，由中国电器工业协会风力发电电器设备分会与金风大学联合承办了“机械行业职业技能鉴定风力发电北京点”，双方联合牵头开展了风力发电机组制造工相关国家职业技能标准的编制工作，并依据标准，组织了本套教材的编制。

希望本教材的出版，能够帮助风力发电制造企业、大专院校等，在培养风力发电机组制造工方面，提供一定的帮助和指导。

中国电器工业协会

前　言

为促进风力发电行业职业技能鉴定点的规范化运作，推动风力发电行业职业培训与职业技能鉴定工作的有效开展，大力培养更多的专业风力发电人才，中国电器工业协会风力发电电器设备分会与金风大学在合作筹建风力发电行业职业技能鉴定点的基础上，共同组织完成了风力发电机组维修保养工、风力发电机组电器装调工和风力发电机组机械装调工，三个工种不同级别的风力发电行业职业技能鉴定系列培训教材。

本套教材是以“以职业活动为导向，以职业技能为核心”为指导思想，突出职业培训特色，以鉴定人员能够“易懂、易学、易用”为基本原则，力求通俗易懂、理论联系实际，体现了实用性和可操作性。在结构上，教材针对风力发电行业三个特有职业领域，分为初级、中级和高级三个级别，按照模块化的方式进行编写。《风力发电机组维修保养工》涵盖风力发电机组维修保养中各种维修工具的辨识、使用方法、风机零部件结构、运行原理、故障检查，故障维修，以及安全事项等内容。《风力发电机组电气装调工》涵盖风力发电机电器装配工具辨识、工具使用方法、偏航变桨系统装配、冷却控制系统装配，以及装配注意事项和安全等内容。《风力发电机组机械装调工》涵盖风力发电机组各机械结构部件的辨识与装配，如机舱、轮毂、变桨系统、传动链、联轴器、制动器、液压站、齿轮箱等部件。每本教材的编写涵盖了风力发电行业相关职业标准的基本要求，各职业技能部分的章对应该职业标准中的“职业功能”，节对应标准中的“工作内容”，节中阐述的内容对应标准中的“技能要求”和“相关知识”。本套教材既注重理论又充分联系实际，应用了大量真实的操作图片及操作流程案例，方便读者直观学习，快速辨识各个部件，掌握风机相关工种的操作流程及操作方法，解决实际工作中的问题。本套教材可作为风力发电行业相关从业人员参加等级培训、职业技能鉴定使用，也可作为有关技术人员自学的参考用书。

本套教材的编写得到了风力发电行业骨干企业金风科技的大力支持。金风科技内部各相关岗位技术专家承担了整体教材的编写工作，金风科技相关技术专家对全书进行了审阅。中国电器协会风力发电电器设备分会的专家对全书组织了集中审稿，并提供了大量的帮助，知识产权出版社策划编辑对书籍编写、组稿给予了极大的支持。借此一隅，向所有为本书的编写、审核、编辑、出版提供帮助与支持的工作人员表示感谢！

《风力发电机组机械装调工——高级》系本套教材中的一本。第一章、第五章和第六章由乔鑫负责编写；第二章和第三章由潘振云负责编写；第四章由王旭负责编写。

由于时间仓促，编写过程中难免有疏漏和不足之处，欢迎广大读者和专家提出宝贵意见和建议。

《风力发电职业技能鉴定教材》编写委员会

目　录

第一章　轮毂、变桨控制系统装配与调整

学习目的：

1. 掌握撞块和限位开关的作用及安装方法。
2. 掌握变桨系统的工作原理。
3. 了解变桨系统的安装要求。

第一节　轮毂、变桨系统装配

一、顺桨接近撞块和变桨限位撞块的工作原理

1. 顺桨接近撞块的工作原理

当叶片变桨趋于顺桨位置时，顺桨接近撞块就会运行到顺桨接近开关的上方。接近开关接收信号后会传递给变桨系统，提示叶片已经处于顺桨位置。

2. 变桨限位撞块及缓冲配套装置的工作原理

当叶片变桨趋于最大角度的时候，变桨限位撞块会运行到缓冲配套装置上起到变桨缓冲作用，以保护变桨系统，保证系统正常运行。

二、顺桨接近撞块和变桨限位撞块的安装

一种顺桨接近撞块和变桨限位撞块的安装示意图，见图 1-1。

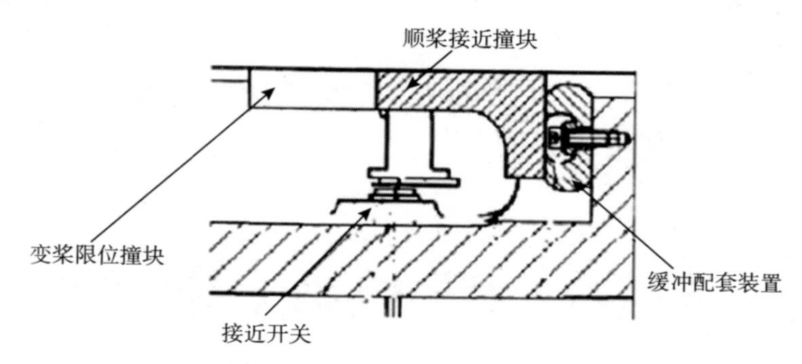

图 1-1　一种顺桨接近撞块和变桨限位撞块的安装示意图

1. 顺桨接近撞块的安装

顺桨接近撞块安装在变桨限位撞块上，与顺桨接近开关配合使用。顺桨接近撞块示意图见图 1-2，安装实物图见图 1-4。

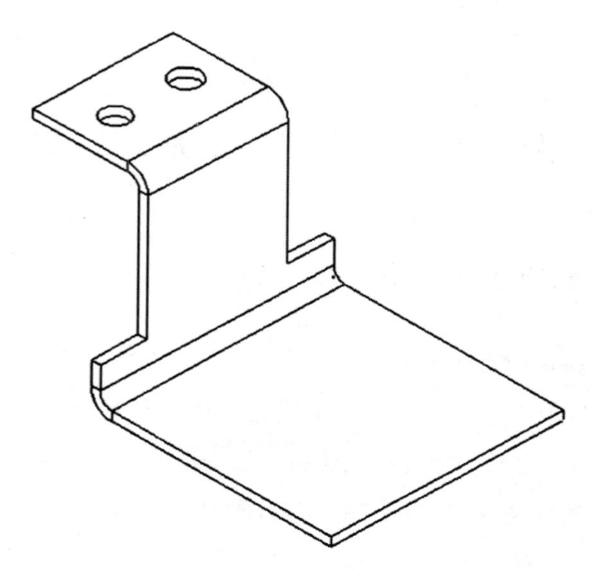

图 1-2　一种顺桨接近撞块的外形图

2. 变桨限位撞块的安装

变桨限位撞块安装在变桨轴承内圈的内侧，与缓冲配套装置配合使用。变桨限位撞块示意图见图 1-3。图中位置 1 为变桨限位撞块与变桨轴承连接时定位导向螺钉孔；位置 2 为顺桨接近撞块安装螺栓孔，与变桨限位撞块连接；位置 3 为顺桨接近撞块安装螺栓孔，与变桨限位撞块连接。变桨限位撞块安装实物图见图1-4。

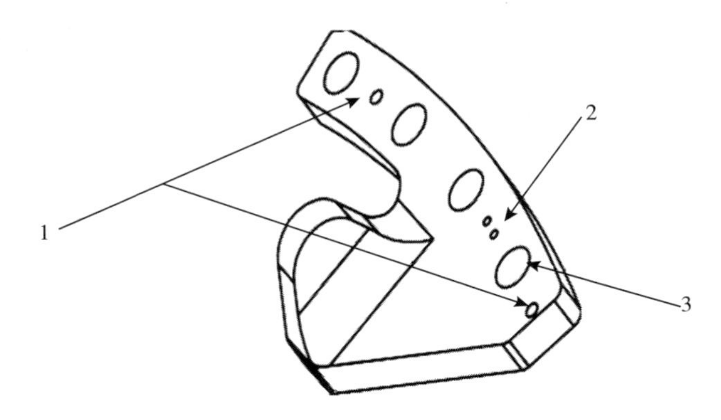

图 1-3　一种变桨限位撞块的外形图

1- 桨限位撞块与变桨轴承连接时定位导向螺钉孔；2- 顺桨接近撞块安装螺栓孔；

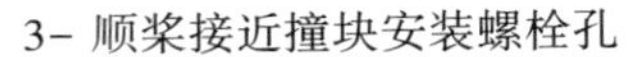
3- 顺桨接近撞块安装螺栓孔

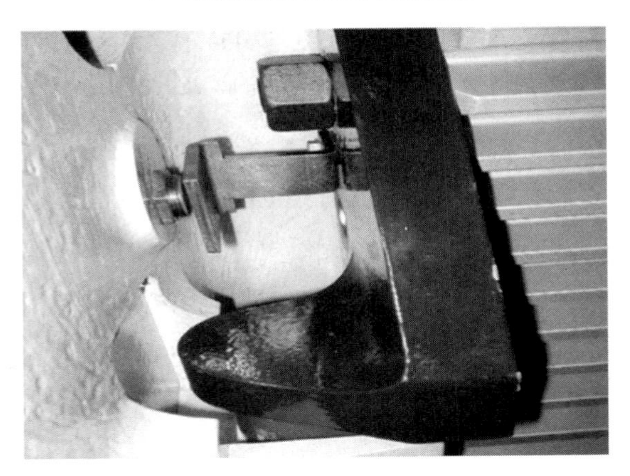

图 1-4　一种顺桨接近撞块和变桨限位撞块的安装图

3. 变桨缓冲配套装置安装

变桨缓冲配套装置一般选用聚氨酯材料加工而成。安装时使用紧固件将变桨缓冲配套装置固定到轮毂的指定位置。紧固件安装时，需按照设计要求涂抹润滑剂或者螺纹锁固胶，且力矩值需达到设计要求且紧固件要做防松防腐处理。变桨缓冲配套装置安装图和工作状态图，见图 1-5 和图 1-6。

图 1-5　一种变桨缓冲装置的安装图

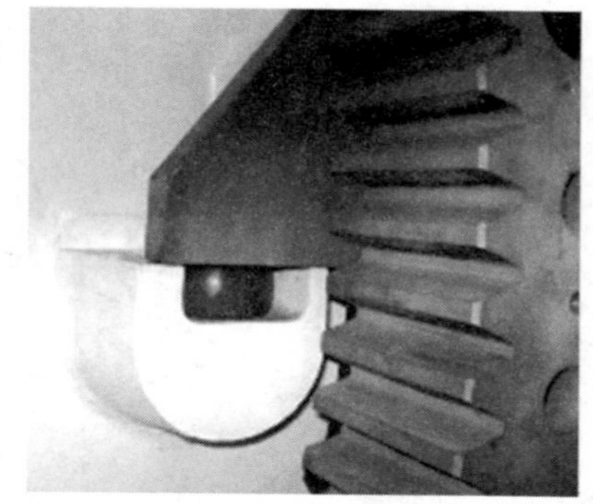

图 1-6　一种变桨缓冲装置的工作状态图

4. 顺桨接近开关介绍

(1) 顺桨接近开关概述

接近开关是一种无须与运动部件直接进行机械接触而可以操作的位置开关，见图 1-7。当物体到达开关的感应面时，不需要机械接触及施加任何压力即可使开关动作，从而驱动直流电器或给计算机（plc）装置提供控制指令。接近开关具有传感性能，且具有动作可靠、性能稳定、频率响应快、应用寿命长、抗干扰能力强，以及防水、防震、耐腐蚀等特点。

接近开关又称无触点接近开关，是理想的电子开关传感器。当金属检测体接近开关的感应区域时，开关就能无接触、无压力、无火花并迅速地发出电气指令，准确地反映出运动机构的位置和行程。即使用于一般的行程控制，其定位精度、操作频率、使用寿命、安装调整的方便性和对恶劣环境的适用能力，也是一般机械式行程开关所不能相比的。它广泛地应用于机床、冶金、化工、轻纺和印刷等行业。在自动控制系统中，它可用作限位、计数、定位控制和自动保护元件等。

图 1-7　一种接近开关

（2）接近开关分类和工作原理

①涡流式接近开关

这种开关也叫电感式接近开关，是一种属于有开关量输出的位置传感器，它由 LC 高频振荡器、信号触发器和开关放大器组成。振荡电路的线圈产生高频交流磁场，该磁场经由传感器的感应面释放出来。当有金属物体接近这个能产生电磁场的振荡感应头时，就会使该金属物体内部产生涡流。这个涡流反作用于接近开关，会使接近开关振荡能力衰减，内部电路的参数发生变化。当信号触发器探测到这一衰减现象时，便会把它转换成开关电信号。由此即可识别出有无金属物体接近开关，进而控制开关的通或断。这种接近开关所能检测的物体必须是金属物体。

涡流式接近开关抗干扰性好，开关频率高。它应用在各种机械设备上，用作位置检测、技术等信号拾取。

②电容式接近开关

电容式接近开关亦属于一种具有开关量输出的位置传感器。它的测量头通常是构成电容器的一个极板，而另一个极板是物体本身。当物体移向接近开关时，物体和接近开关的介电常数 ε 发生变化。同时，等效电容也跟着变化，从而使和测量头相连的电路状态也随之发生变化，由此来控制开关的接通和关断。这种接近开关的被检测物体，并不限于金属导体，也可以是绝缘的液体或粉状物体。在检测较低介电常数 ε 的物体时，可以顺时针调节多圈电位器（位于开关后部）来增加感应灵敏度。一般调节电位器使电容式的接近开关在 0.7~0.8 Sn（Sn 为电容式接近开关的标准检测距离）的位置动作。

③霍尔式接近开关

当一块通有电流的金属或半导体薄片垂直地放在磁场中时，薄片的两端就会产生电位差，这种现象就称为霍尔效应。两端具有的电位差值称为霍尔电势 U，其表达式为：$U = K \cdot I \cdot B/d$

其中，K 为霍尔系数，I 为薄片中通过的电流，B 为外加磁场（洛伦兹力 Lorrentz）的磁感应强度，d 是薄片的厚度。由此可见，霍尔效应的灵敏度高低与外加磁场的磁感应强度成正比。霍尔接近开关就属于这种有源磁/电转换器件，它是在霍尔效应原理的基础上，利用先进的集成封装和组装工艺制作而成。它可以方便地把磁输入信号转换成实际应用中的电信号，同时又符合工业场合实际应用易操作和可靠性的要求。

霍尔接近开关的输入端是以磁感应强度 B 来表征的，当 B 值达到一定的程度时，开关内部的触发器翻转，霍尔接近开关的输出电平状态也随之翻转。输出端一般采用晶体管输出，和电感式接近开关类似的有：NPN、PNP、常开型、常闭型、锁存型（双极性）、双信号输出几种类型。

霍尔接近开关是磁性接近开关中的一种，具有无触电、低功耗、长使用寿命、响应频率高等特点。其内部采用环氧树脂封灌制作成一体化结构，所以能在各类恶劣环境下稳定地工作。它可应用于接近开关、压力开关、里程表等，它是一种新型的电器配件。霍尔式开关比电感式开关响应频率高，它用磁钢触发；电感式开关用导磁金属触发。霍尔式开关感应距离除了与传感器本身性能有关外，还与所选磁钢磁场强度有关。

④磁性接近开关

磁性接近开关能以细小的开关体积达到最大的检测距离。它能检测磁性物体（一般为永久磁铁），然后产生触发开关信号输出。由于磁场能通过很多非磁性物体，所以此触发过程并不一定需要把目标物体直接靠近磁性接近开关的感应面，而是通过磁性导体（如铁）把磁场传送至远距离。例如，信号能够通过高温的地方传送到磁性接近开关而产生触发动作信号。

磁性接近开关的工作原理与电感式接近开关类似，其内部包含一个 LC 振荡器、一个信号触发器和一个开关放大器。此外，还有一个非晶体化的、高穿透率的磁性软玻璃金属铁芯，该铁芯造成涡流损耗使振荡电路产生衰减。如果把它放置在一个磁场范围内（例如，永久磁铁附近），此时正在影响振荡电路衰减的涡流损耗就会减少，振荡电路将不再衰减。因此，磁性接近开关的消耗功率由于永久磁铁的接近而增加，信号触发器被启动产生输出信号。

磁性接近开关有广泛的应用。例如，可以通过塑胶容器或导管来对物体进行检测，高温环境的物体检测，物料的分辨系统。

磁性接近开关具有如下特点：

优点

· 可以整体安装在金属中。

· 对并排安装没有任何要求。

· 顶部（传感面）可以由金属制成。

· 价格低廉、结构简单。

· 具有大的感应范围和高的开关频率。

缺点

· 动作距离受检测体（一般为磁铁或磁钢）的磁场强度影响较大。

· 检测体的接近方向会影响动作距离的大小（径向接近是轴向接近时动作距离的一半）。

· 径向接近时，可能会出现两个工作点。

⑤其他型式的接近开关

当观察者或系统对波源的距离发生改变时，接近到的波的频率就会发生偏移，这种现象称为多普勒效应。声纳和雷达就是利用这个效应的原理制成的。利用多普勒效应可制成超声波接近开关、微波接近开关等。当有物体移近时，接近开关接收到的反射信号会产生多普勒频移，由此可以识别有无物体接近。

（3）接近开关使用的注意事项

①涡流式接近开关使用的注意事项

a. 当被检测物体为非金属时，在检测距离很小时也有反应。另外，很薄的镀膜层是检测不到的。

b. 电感式接近开关的接通时间为 50 ms，因此在用户使用产品时，因负载和接近开关采用不同的电源，所以务必先接通接近开关的电源。

c. 请勿将接近开关置于 200 高斯以上的直流磁场环境下使用，以免造成误动作。

d. 不要将接近开关置于化学溶剂，特别是在强酸、强碱的环境中。

②电容式接近开关使用的注意事项

a. 电容式接近开关理论上可以检测出任何物体，但当检测过高介电常数的物体时，检测距离要明显减小。这时，即使增加灵敏度也达不到效果。

b. 电容式接近开关的接通时间为 50 ms，所以用户在产品的使用过程中，当负载和接近开关采用不同电源时，务必先接通接近开关的电源。

c. 当使用感性负载（如日光灯、电动机等）时，其瞬间冲击电流较大，可能会劣化或损坏交流二线型电容式接近开关。在这种情况下，应经过交流继电器作为负载来转换使用。

d. 请勿将接近开关置于200高斯以上的直流磁场环境下使用，以免造成失误动作。

e. DC二线的接近开关具有0.5～1mA的静态泄漏电流，在一些对DC二线接近开关泄漏电流要求较高的场合下，应尽量使用DC三线的接近开关。

f. 避免接近开关在化学溶剂，特别是在强酸、强碱的环境中使用。

g. 大多数产品是由SMD（表面贴装器件）工艺生产制造，并经过严格的测试，产品合格后才出厂。在一般情况下使用不会出现损坏。为了防止意外事件发生，请用户在接通电源前检查接线是否正确，核定电压是否为额定值。

h. 为了使电容式接近开关长期稳定地工作，由于其受潮湿、灰尘等因素的影响比较大，请务必定期进行维护保养，包括检测物体和接近开关的安装位置是否有移动或松动，接线和连接部位是否有接触不良的现象，是否有粉尘粘附等。

③霍尔式接近开关使用注意事项

直流型霍尔接近开关产品所使用的直流电压为3～28 V，其通用的应用范围一般采用5-24 V。过高的电压会引起其内部霍尔元器件参数随电压升高而变化的不稳定性；而过低的电压容易让外界的温度变化影响磁场强度特性，从而引起电路误动作。

当使用霍尔接近开关驱动感性负载时，请在负载两端并接入续流型二极管，否则会因感性负载长期动作时的瞬态高压脉冲影响霍尔开关的使用寿命。

一般霍尔接近开关产品用SMD工艺生产制造而成，并经严格的测试合格后才出厂。在一般情况下使用是不会出现损坏现象的，但为了防止意外事件发生，用户在接通电源前应检查接线方式是否正确，并核定其电压是否为额定值。

④磁性接近开关使用的注意事项

检测体在固定时不允许用铁氧体或螺丝钉，只能用非铁质材料。

5. 顺桨接近撞块和变桨限位撞块的基本检查

（1）检查顺桨接近开关的清洁度，保证接近开关能够正常地接收信号。

（2）检查各紧固件的紧固情况，如有松动要及时进行紧固。

三、极限工作位置撞块和限位开关的工作原理

1. 极限工作位置撞块和限位开关的工作原理

当变桨轴承趋于极限工作位置时，极限工作位置撞块就会运行到限位开关上方，与限位开关撞杆作用。限位开关撞杆安装在限位开关上，当其受到撞击后，限位开关会把信号通过电缆传递给变频柜，提示变桨轴承已经处于极限工作位置。一种极限工作位置撞块示意图，见图 1-8。

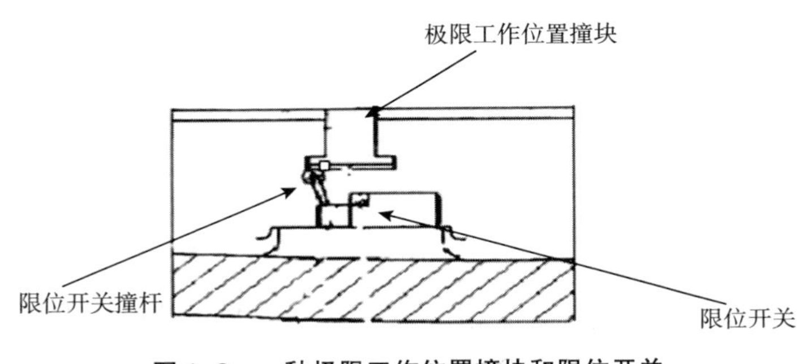

图 1-8　一种极限工作位置撞块和限位开关

2. 限位开关介绍

（1）限位开关概述

限位开关又称行程开关，可以安装在相对静止的物体（如固定架、门框等，简称静物）上或者运动的物体（如行车、门等，简称动物）上。当动物接近静物时，开关的连杆驱动开关的接点引起闭合的接点分断或者断开的接点闭合。由开关接点开、合状态的改变去控制电路和电机。

（2）限位开关工作原理

限位开关就是用以限定机械设备的运动极限位置的电气开关。限位开关有接触式和非接触式的。接触式的比较直观，在机械设备的运动部件上，安装行程开关，在与其相对运动的固定点上安装极限位置的挡块，或者是相反安装位置。当行程开关的机械触头碰上挡块时，切断了（或改变了）控制电路，机械就会停止运行或改变运行。由于机械的惯性运动，这种行程开关有一定的“超行程”以保护开关不受损坏。非接触式的形式很多，常见的有干簧管、光电式、感应式

等，这几种形式在电梯中都能够见到。当然还有更多的先进形式。

限位开关是一种常用的小电流主令电器。利用生产机械运动部件的碰撞使其触头动作来实现接通或分断控制电路，达到一定的控制目的。通常，这类开关被用来限制机械运动的位置或行程，使运动机械按一定位置或行程自动停止、反向运动、变速运动或自动往返运动等。

在电气控制系统中，限位开关的作用是实现顺序控制、定位控制和位置状态的检测。它常用于控制机械设备的行程及限位保护。限位开关：由操作头、触点系统和外壳组成。

在实际生产中，限位开关常安装在预先安排的位置。当装于生产机械运动部件上的模块撞击行程开关时，限位开关的触点动作，实现电路的切换。因此，行程开关是一种根据运动部件的行程位置而切换电路的电器，它的作用原理与按钮类似。

（3）限位开关的用途

限位开关主要用于将机械位移转变成电信号，使电动机的运行状态得以改变，从而控制机械动作或用作程序控制。

限位开关真正的用武之地是在工业上。在那里它与其他设备配合，组成更复杂的自动化设备。

（4）限位开关的分类和工作方式

限位开关主要由开关元件、接线端子、开关操动件和传动部分组成。根据开关触头接通和断开机械机理，开关元件分为缓动开关和速度开关。

①缓动开关

开关的接通和断开动作的切换时间与开关操作频率有关。操作频率越快，开关的切换速度也越快。

②速度开关

开关的接通和断开的转换时间与开关被操作的频率无关。只要开关被操作到一定位置，开关便会发生接通和断开切换。此过程所用时间一般为弹簧弹跳所需的时间，此时间段为一常数。

四、极限工作位置撞块和限位开关的安装

1. 极限工作位置撞块的安装

极限工作位置撞块安装在变桨轴承内侧两个对应的螺栓孔上。撞块示意图见图 1-9，安装示意图见图 1-10。

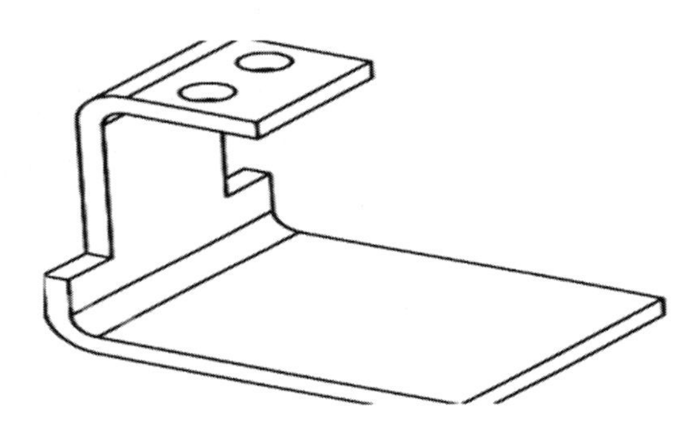

图 1-9　一种极限工作位置撞块

2. 限位开关的安装

限位开关安装在轮毂指定的位置上，安装图见图 1-10。

图 1-10　一种极限工作位置撞块和限位开关安装图

3. 限位开关的基本检查

（1）检查限位开关的灵敏度，还要看其是否有松动。

（2）检查限位开关接线是否正常，进行手动刹车测试。

（3）检查各紧固件的紧固情况，如有松动要及时进行紧固。

第二节　变桨系统调整

一、变桨系统工作原理

变桨系统的所有部件都安装在轮毂上。风力发电机正常运行时，所有部件都随轮毂以一定的速度旋转。变桨系统通过控制叶片的角度来控制叶轮的转速，进而控制风力发电机的输出功率，并能够通过空气动力制动的方式使风力发电机安全停机。

风力发电机的叶片（根部）通过变桨轴承与轮毂相连，每个叶片都要有自己相对独立的电控同步的变桨驱动系统。变桨驱动系统通过电动或者液压驱动方式与变桨轴承联动。

二、变桨系统调节工况

风力发电机的变桨作业大致可分为两种工况，即正常运行时的连续变桨和停止（紧急停止）状态下的全顺桨。

（1）连续变桨：风力发电机开始启动时，叶片由90°向0°方向转动；并网发电时，叶片在0°附近的调节都属于连续变桨。

（2）全顺桨：当风力发电机停机或发生紧急情况时，为了迅速停止风力发电机，叶片将快速转动到90°。一是让风向与叶片平行，使叶片失去迎风面；二是利用叶片横向拍打空气来进行制动，以达到迅速停机的目的。这个过程叫作全顺桨。

三、变桨系统分类

按照变桨驱动形式，变桨系统可以分为统一变桨系统和独立变桨系统。

（1）统一变桨系统

统一变桨系统就是利用一个执行机构控制整个风力发电机所有叶片的变桨，三个叶片的调节是同步的。

（2）独立变桨系统

独立变桨系统就是每个叶片在轮毂里都有各自的执行机构，即三个叶片的驱动由三个相同的驱动装置分别驱动。三个叶片的调节是相互独立的，以便实现对每个叶片控制的准确性和一致性。而且如果一组变桨机构出现故障，机组仍然可以通过另外两组变桨机构进行调节。

独立变桨系统的叶片桨距角有的是同步变化，也有的是异步变化。由于自然界的风在整个叶轮扫掠面上分布不均匀，独立变桨系统可以根据各个叶片上风速的不同进行调节，这就是异步变化。异步变化时，不仅可以保持发电机输出功率，而且能减少叶片拍打频率，因此独立变桨系统比统一变桨系统更具有优势。

四、变桨驱动结构

（1）齿轮变桨驱动由变桨轴承、驱动装置、蓄电池、传感器和接近开关等部件组成。

（2）齿形皮带变桨驱动由变桨轴承、驱动装置、齿形皮带、传感器和接近开关等部件组成。

（3）液压变桨驱动由动力源液压泵站、控制阀块、执行机构伺服油缸与储能器等部件组成。

五、变桨系统安装、调试工艺

现以一种齿形皮带变桨系统为例，详述变桨系统的安装和调试工艺。

（1）清理轮毂。将轮毂上的包装物清理干净，用螺纹清理毛刷清理轮毂螺纹孔并用高压空气吹干净，清理干净轮毂安装表面。

（2）轮毂画 0 刻度线。按照设计要求在轮毂指定位置画 0 刻度线，见图1-11。

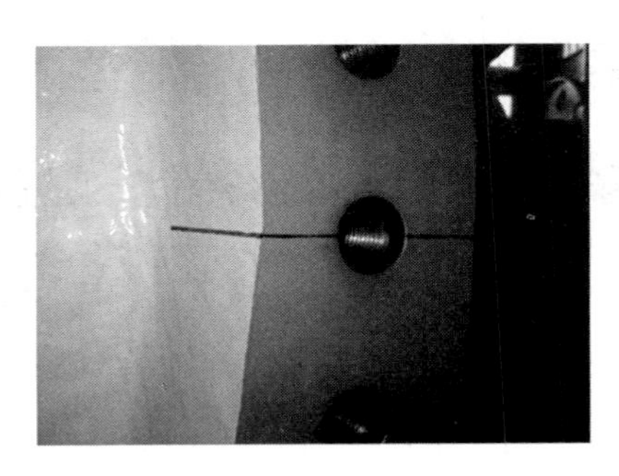

图 1-11　一种 0 刻度线画法

（3）清理变桨轴承。用大布和清洗剂将变桨轴承各表面清理干净。

（4）安装叶片锁定块、接近开关感应块和齿形皮带预紧装置。按照设计要求，使用紧固件将叶片锁定块、接近开关感应块和齿形皮带预紧装置安装到变桨轴承指定位置，见图 1-12。紧固件安装时，需按照设计要求涂抹润滑剂或者螺纹锁固胶，同时力矩值需达到设计要求且紧固件需做防松防腐处理。

图 1-12　安装叶片锁定块、接近开关感应块和齿形皮带预紧装置

（5）变桨轴承画 0 刻度线。按照设计要求，在变桨轴承指定位置画 0 刻度线，见图 1-13。

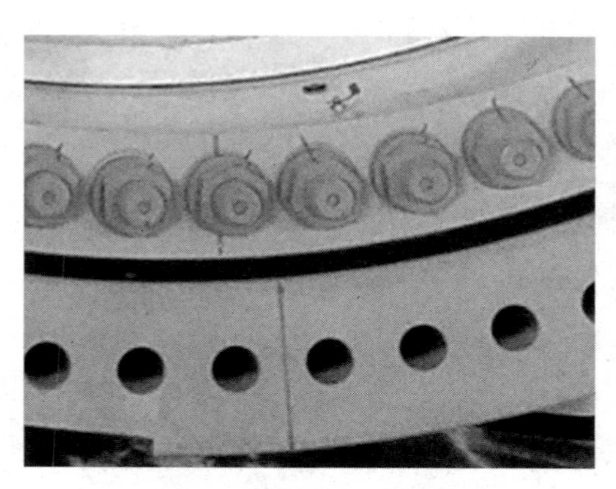

图 1-13　一种变桨轴承 0 刻度线画法

（6）安装变桨轴承。按照设计要求，使用紧固件将变桨轴承安装到轮毂指定位置，见图 1-14。安装过程中需注意变桨轴承软带位置要正确。紧固件安装时，需按照设计要求涂抹润滑剂或者螺纹锁固胶，且力矩值要达到设计要求，并按要求做防松防腐处理。

图 1-14 一种变桨轴承的安装

（7）清理变桨控制柜和支架。用大布和清洗剂将变桨控制柜和支架清理干净。

（8）组对变桨控制柜支架。使用紧固件组对变桨控制柜支架，见图 1-15。紧固件安装时，需按照设计要求涂抹润滑剂或者螺纹锁固胶，且力矩值需达到设计要求，并按要求做防松防腐处理。

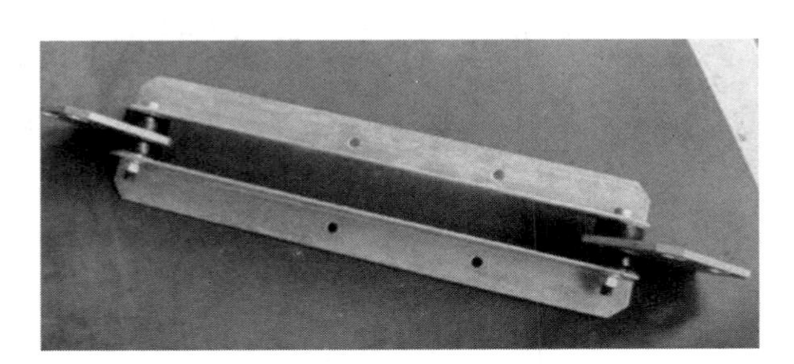

图 1-15 一种变桨控制柜支架的组对

（9）安装变桨控制柜支架。使用紧固件将变桨控制柜支架安装到变桨控制柜上，见图 1-16。紧固件安装时，需按照设计要求涂抹润滑剂或者螺纹锁固胶，且力矩值需达到设计要求，并按要求做防松防腐处理。

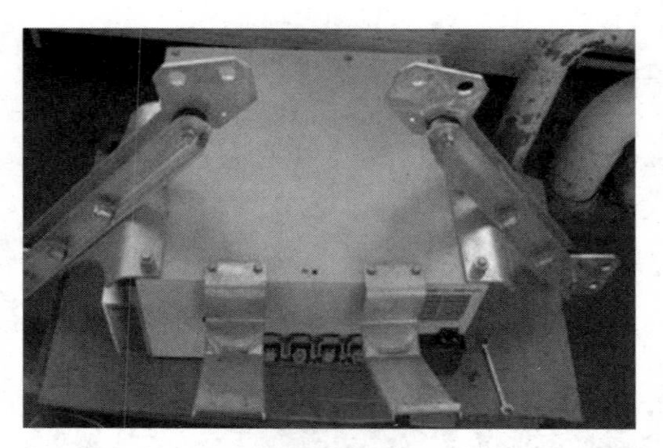

图 1-16　一种变桨控制柜支架和变桨柜柜侧电缆支架的安装

（10）安装变桨控制柜。变桨控制柜和支架连接完成后，使用紧固件将变桨控制柜支架固定在变桨轴承上，见图 1-17。紧固件安装时，需按照设计要求涂抹润滑剂或者螺纹锁固胶，且力矩值需达到设计要求，并按要求做防松防腐处理。

图 1-17　一种变桨控制柜安装

（11）安装变桨柜柜侧电缆支架、电缆固定支架总成、传感器支架总成。使用紧固件将变桨柜柜侧电缆支架、电缆固定支架总成、传感器支架总成安装到指定位置，见图 1-16、图 1-18 和图 1-19。紧固件安装时，需按照设计要求涂抹润滑剂或者螺纹锁固胶，且力矩值需达到设计要求，并按要求做防松防腐处理。

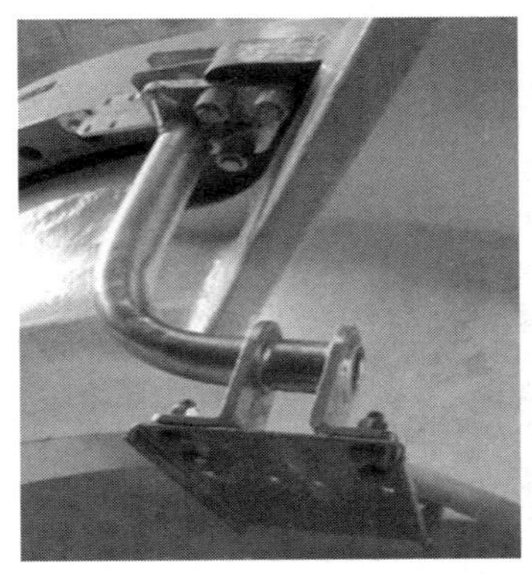

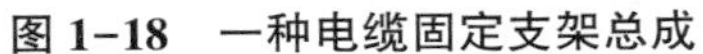
图 1-18　一种电缆固定支架总成

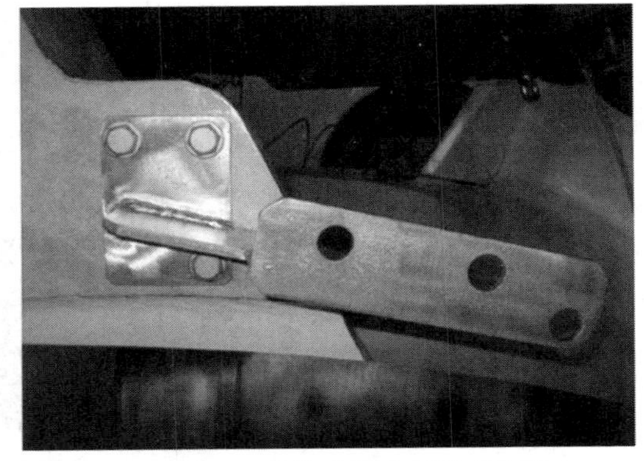

图 1-19　一种传感器支架总成安装

（12）检查变桨减速器油位。在安装变桨减速器前，需按照减速器厂家要求通过油窗检查减速器油位。如果齿轮油过多，则打开放油嘴将油放至油窗指定位置；如果过少，则需将油加到油窗指定位置。

（13）安装驱动轴、驱动轮、张紧轮和轴承。将驱动轴、驱动轮、张紧轮和轴承等相关零部件装入带轮支撑，见图 1-20。

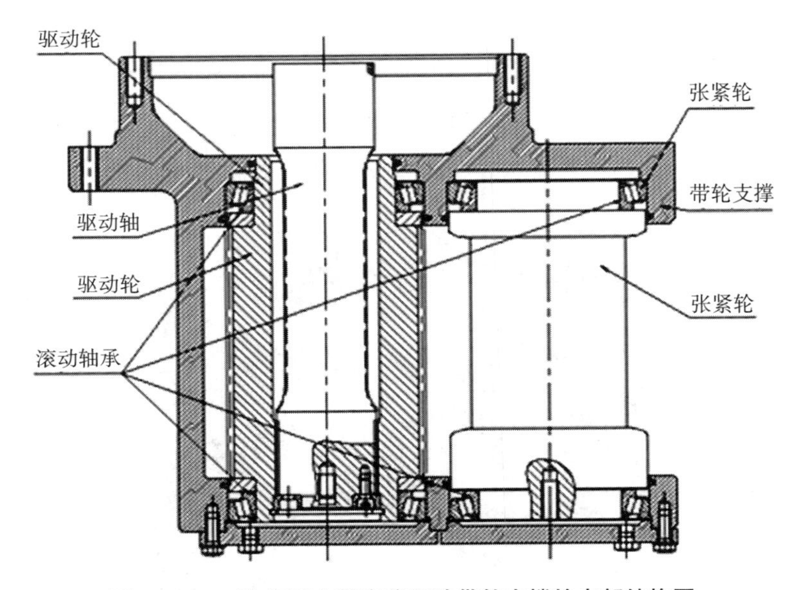

图 1-20　一种齿形皮带变桨驱动带轮支撑的内部结构图

（14）安装变桨减速器。使用紧固件连接变桨减速器与带轮支撑，安装时需按照设计确定变桨减速器的安装方向，见图 1-21。紧固件安装时，需按照设计要求涂抹润滑剂或者螺纹锁固胶，且力矩值需达到设计要求，并按要求做防松防腐处理。

图 1-21　一种齿形皮带传动变桨减速器的安装

（15）安装带轮支撑。使用紧固件将变桨减速器与带轮支撑组件连接到轮毂指定位置，见图 1-22。紧固件安装时，需按照设计要求涂抹润滑剂或者螺纹锁固胶，且力矩值需达到设计要求，并按要求做防松防腐处理。

图 1-22　一种齿形皮带传动带轮支撑组件的安装

（16）安装变桨电机。使用紧固件连接变桨减速器与变桨电机，见图 1-23。紧固件安装时，需按照设计要求涂抹润滑剂或者螺纹锁固胶，且力矩值需达到设计要求，并按要求做防松防腐处理。

图 1-23　一种齿形皮带传动变桨电机的安装

（17）安装齿形皮带和压板。将齿形皮带穿过驱动轮和张紧轮，两端分别夹在齿形板和压板中间，用紧固件固定，将压板固定在齿形板上，见图 1-24。紧固件安装时，需按照设计要求涂抹润滑剂或者螺纹锁固胶，且力矩值需达到设计要求，并按要求做防松防腐处理。

（18）安装齿形板。用紧固件将齿形皮带和压板固定在齿形皮带预紧装置上，紧固件先不要紧固，等调整好齿形皮带频率，再按照设计力矩要求对称紧固相关紧固件，见图 1-24。紧固件安装时，需按照设计要求涂抹润滑剂或者螺纹锁固胶，并按要求做防松防腐处理。

图 1-24　一种齿形板、压板、垫板和齿形皮带的安装

（19）安装锁紧板和防松垫板。用紧固件将锁紧板固定在齿形皮带预紧装置上。防松垫板借用锁紧板中间的紧固件固定，等调整完齿形皮带频率再安装防松垫板，见图 1-25 和图 1-26。紧固件安装时，需按照设计要求涂抹润滑剂或者螺纹锁固胶，且力矩值需达到设计要求，并按要求做防松防腐处理。

图 1-25　一种锁紧板安装

图 1-26　一种防松垫板安装

（20）安装齿形皮带调整紧固件。根据设计要求，将调整紧固件安装到齿形皮带预紧装置上，螺纹旋合面涂润滑剂 ，见图 1-27。

图 1-27　一种调整螺栓安装

（21）调整齿形皮带频率。按照设计要求，使用皮带张力检测仪调整齿形皮带频率。

要使一个皮带装置达到最长久的使用期，必须以在皮带正确的安装、完好的皮带张力与精准的皮带轮对心为基础，下面以一种手持式皮带张力检测仪为例进行相关齿形皮带测量的介绍，见图 1-28。

图 1-28　一种手持式皮带张力检测仪

①皮带张力检测仪介绍

皮带张力检测仪是由一个探测针和一个微处理机所组成的电子测仪量，用来测量皮带装置的皮带束张力。测量的结果会以赫兹、牛顿或磅等单位来显示。

a. 测量皮带紧度（赫兹）

只能在皮带静止不动时进行测量，轻拍装置适当且紧绷皮带，可以使它有自然的振动，运用探测器透过动光波测量静态的自然频率，要谨慎确定有足够的光被皮带反射回来，测量值会以赫兹为单位显示。

b. 皮带的张力测量（牛顿）（磅）

要计算皮带束张力，将皮带振动的频率、质量和长度都输入主机中。力度的计算会与原本所设定的明确数值范围作比较，主机计算力度的公式如下：

$$T = 4 \times m \times L^2 \times f^2 \quad or \quad f = \sqrt{\frac{T}{4 \times m \times L^2}}$$

式中　T——力度，N；

m——皮带质量长度，kg；

L——皮带中心段的长度，m；

f——张力，Hz。

②齿形皮带频率测量步骤

a. 开启测试仪。

b. 轻拍皮带使它开始有自然的振动。

c. 将探测针放置于皮带的中心位置上方 3 mm~20 mm。最好的测试位置是将探测针放置在两个皮带轮之间距离较长的皮带中心段的上方，见图 1–29。

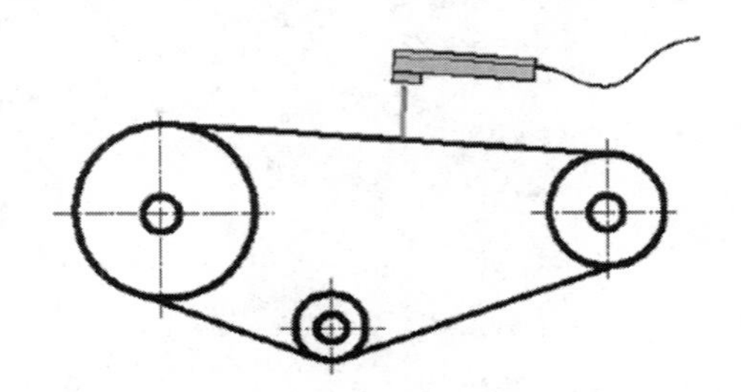

图 1–29　一种手持式皮带张力检测仪测量位置

d. 测量成功后，测试仪会有提示。

e. 测量值会以 Hz（赫兹）显示。

③皮带张力检测仪使用注意事项

a. 皮带张力只能在机器停机且皮带不转动的情况下测量。

b. 同一根皮带上几次的测量值可能会有偏差，通常这并不是测量的不准确。大部分情况下，测量值的偏差是由皮带系统的机械公差引起的。

c. 如果出现仔细操作但仍然没有显示值的情况时，可能由以下某个原因引起。

· 皮带的振荡频率低于皮带张力检测仪最小的测量频率。

处理方法：拉紧皮带。如果中心段的长度既长又宽，需支撑皮带缩短它的长度。再次测量前，按照新的皮带长度重新输入。

· 尽管皮带装置有正确的张力，但却不能显示正常的测量值，或者显示过低的测量值。

原因和处理方法：因为探测灯没有充分地照射。为了能改善照射，可在皮带上贴一小张亮色系的胶带或微湿的皮带，当作测量点。

（22）安装叶片变桨锁。调整好齿形皮带频率，将变桨轴承旋转到指定位置，使用紧固件将变桨锁安装到轮毂指定位置，见图 1-30。紧固件安装时，需按照设计要求涂抹润滑剂或者螺纹锁固胶，且力矩值需达到设计要求，并按要求做防松防腐处理。

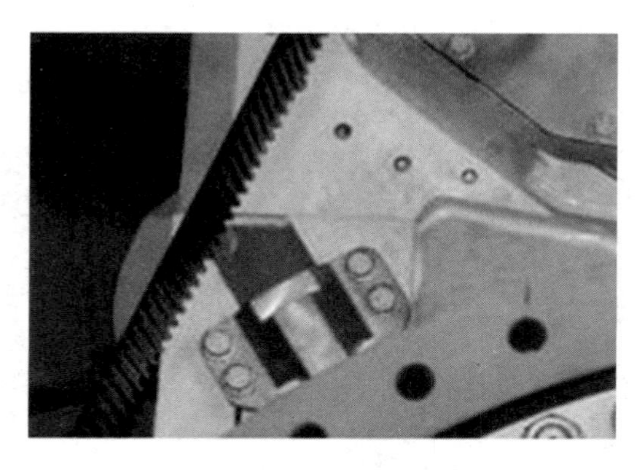

图 1-30　一种变桨锁安装

（23）清理导流罩。用大布和清洗剂将导流罩体分块总成和导流罩前端盖清理干净。

（24）组对导流罩。使用紧固件连接导流罩各片体，见图 1-31。紧固件安装时，需按照设计要求涂抹润滑剂或者螺纹锁固胶，且力矩值需达到设计要求，并按要求做防松防腐处理。

图 1-31　一种导流罩的组对

（25）清理导流罩前支架和后支架。用清洗剂和大布将导流罩前支架和导流罩后支架清理干净。

（26）安装导流罩后支架。使用紧固件将导流罩后支架安装到轮毂指定位置上，见图 1-32。紧固件安装时，需按照设计要求涂抹润滑剂或者螺纹锁固胶，且力矩值需达到设计要求，并按要求做防松防腐处理。

图 1-32　一种导流罩后支架的安装

（27）安装导流罩前支架。使用紧固件将导流罩前支架安装到轮毂指定位置上，见图 1-33。紧固件安装时，需按照设计要求涂抹润滑剂或者螺纹锁固胶，且力矩值需达到设计要求，并按要求做防松防腐处理。

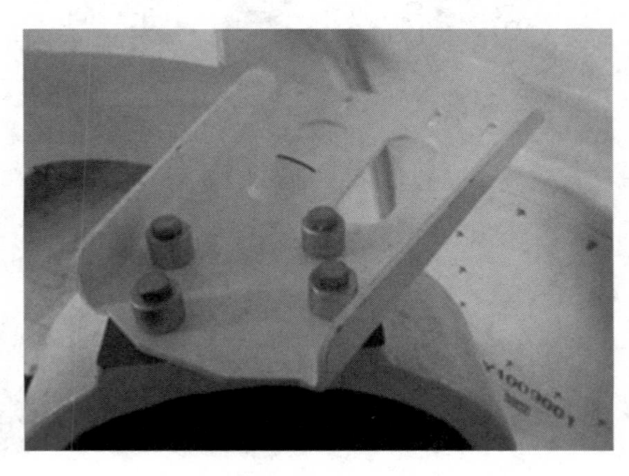

图 1-33　一种导流罩前支架的安装

（28）套装导流罩。按照要求将导流罩套装到位，见图 1-34。

图 1-34　一种导流罩的安装

（29）润滑泵加脂。使用加脂枪将润滑脂加到润滑泵储脂桶指定位置，同时润滑脂牌号需满足设计要求，见图 1-35。

图 1-35　一种润滑泵加注润滑脂

（30）安装润滑泵和控制柜。按照要求，使用紧固件将润滑泵和控制柜安装到指定位置，具体分布图见图 1-36。紧固件安装时，需按照设计要求涂抹润滑剂或者螺纹锁固胶，且力矩值需达到设计要求，并按要求做防松防腐处理。

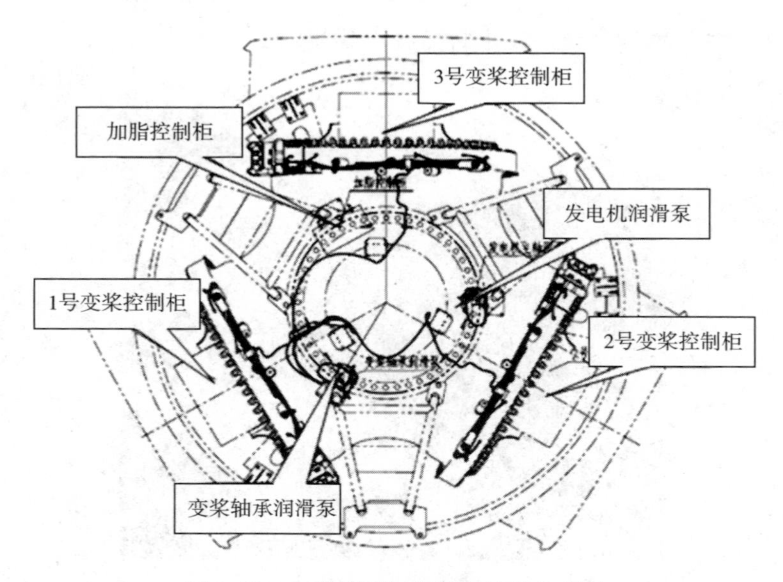

图 1-36　一种润滑泵和控制柜的分布图

（31）安装分配器。将分配器安装到变桨轴承指定位置，分配器安装支架借用偏航轴承紧固螺栓进行固定，见图 1-37。紧固件安装时，需按照设计要求涂抹润滑剂或者螺纹锁固胶，且力矩值需达到设计要求，并按要求做防松防腐处理。

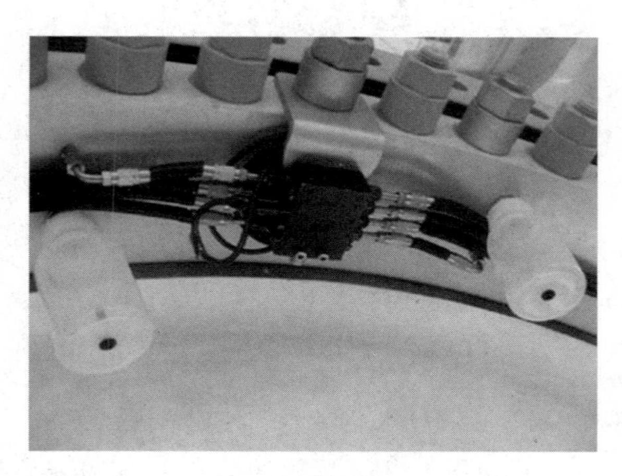

图 1-37　一种分配器安装图

（32）确定变桨轴承润滑点。润滑点尽量均布，但是可以根据变桨轴承的实际安装情况适当调整。润滑点与集油瓶和变桨控制柜支架干涉的位置要让开。根据实际润滑点的位置，截取橡胶油管的长度，然后用管卡固定润滑管。润滑管安装前需充满润滑脂，见图 1-38 和图 1-39。

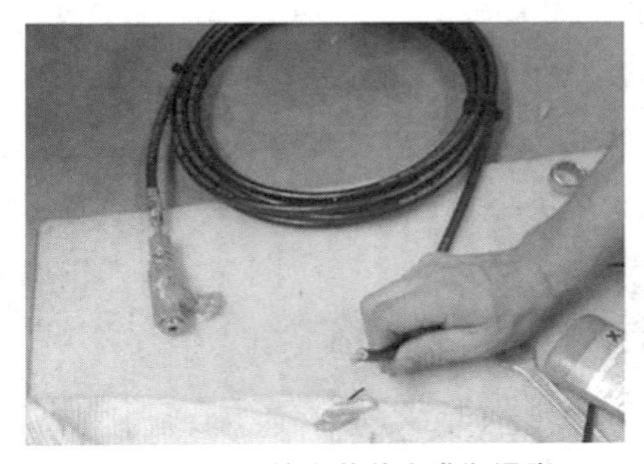

图 1-38　油管安装前充满润滑脂

图 1-39　一种变桨轴承安装润滑管路和润滑点

（33）安装和固定发电机主轴润滑油管。用管卡将主轴承润滑油管固定在导流罩上，按照设计安装好油管和管接头，并将其固定在导流罩的后支架上。前轴承润滑油管要固定在导流罩的前支架上，见图 1-40 和图 1-41。

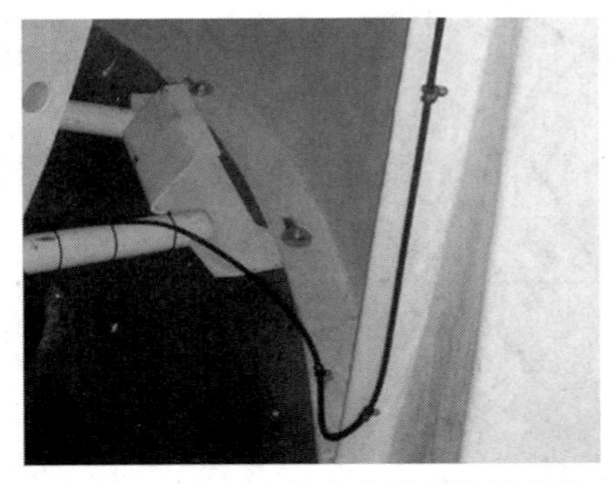

图 1-40　固定主轴变桨轴承润滑油管

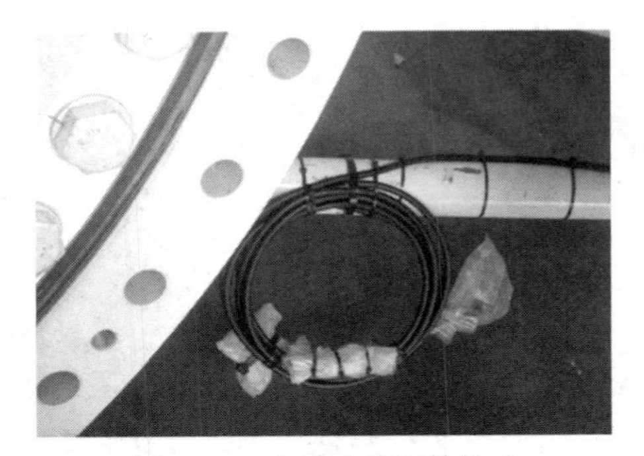

图 1-41　安装油管和管接头

6. 变桨系统安装、调试过程中的常见问题

（1）安装、调试过程中变桨电机的常见故障和分析

①电机轴承故障。电机轴承寿命到期或者润滑不良导致轴承抱死。

②电机转子故障。电机转子绝缘被击穿。

③电机发热故障。电机冷却风机损坏造成电机发热。

④电机电磁铁故障。电磁刹车盘损坏，电磁铁无法打开，刹车抱死造成电机无法启动。

（2）电机齿轮减速器齿轮驱动系统齿轮啮合测量方法

变桨电机安装完成后需按照设计要求调整变桨电机齿轮与变桨轴承齿轮啮合间隙。啮合间隙的测量方法分别为压铅丝检验法、百分表检验法和轮齿接触斑点检验法。

①压铅丝检验法。将铅丝放置在小齿轮上，一般在齿宽方向两端各放置一根。对齿宽较大的可酌情放3~4根。铅丝直径一般不超过齿轮侧隙的4倍，前四的端部要放齐，这样它们才能同时进入啮合的两齿轮之间。在放好铅丝后，均匀地旋转齿轮，使铅丝收到碾压，压扁后的铅丝用千分尺或游标卡尺测量其厚度，最厚部分的数值为齿顶间隙，相邻两较薄部分的数值之和为侧隙，见图1-42。

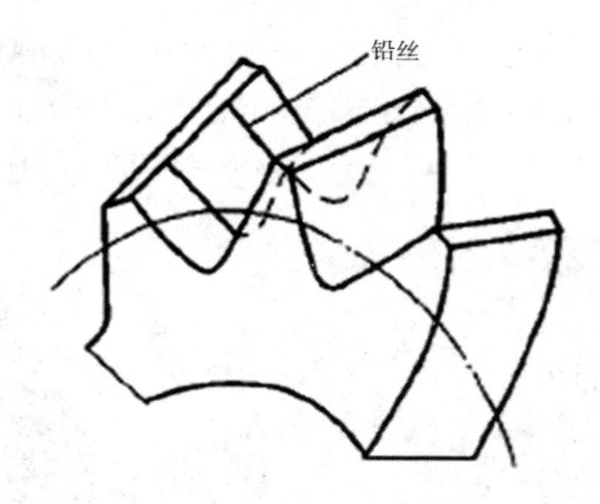

图1-42　压铅丝法

②百分表检验法。将一个齿轮固定，使百分表测头与另一个齿轮的齿面接触，将接触百分表测头的齿轮，从一侧啮合转到另一侧啮合，则百分表上的读数差值即为侧隙。

③轮齿接触斑点检验法。可用涂色法进行，将轮齿涂红丹后转动主动轮，使被动轮轻微制动。轮齿上印痕分布面积应该是：在轮齿高度上，接触斑点不少于30%~50%；在宽度上，不少于40%~70%（随齿轮的精度而定）。其分布的位置是：自节圆处对称分布，通过涂色法检查，还可以判断产生误差的原因。直齿圆

柱轮接触斑点情况，见图 1-43。

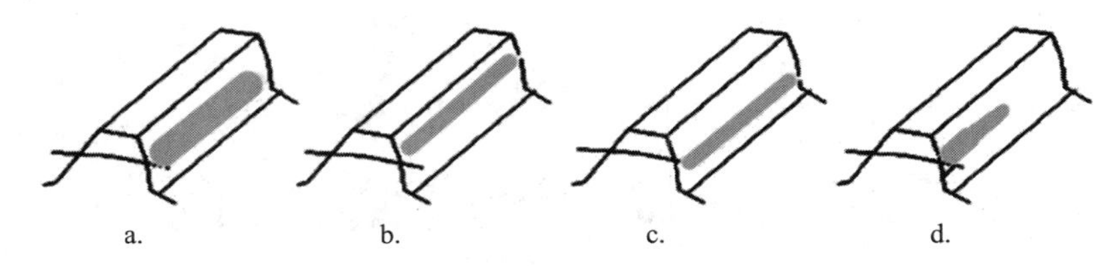

图 1-43　检查齿面接触情况

复习思考题

1. 简述风力发电机组顺桨接近撞块作用。
2. 简述风力发电机组变桨限位撞块的工作原理。
3. 简述接近开关的种类。
4. 简述风力发电机组变桨驱动的种类。
5. 简述风力发电机组变桨系统的安装步骤。

第二章　传动链的装配与调整

1. 了解传动链的种类。
2. 了解机械装配的基础知识。
3. 了解传动链主要零部件的装配过程。
4. 了解齿轮箱的冷却与润滑系统。

第一节　传动链概述

一、常用传动链的种类

齿轮箱和风轮轴是直接连接的传动构件，它们的结构是由风力发电机组的传动链所决定的，因此必须先从风力发电机组的传动链说起。由于风力发电机的结构设计不同，目前风力发电机组的传动链有以下 5 种方式。

1. 风轮轴完全独立结构

风轮轴完全独立，即风轮轴与齿轮箱在功能和结构上是完全独立的，风轮轴与齿轮箱之间靠联轴器进行连接。这种形式的风轮轴安装在独立的前后两个轴承支架上，风轮轴能独立地承受风轮自重产生的弯曲力矩和风轮的轴向载荷，两轴承都承受径向载荷，并将弯矩传递给机舱底盘和塔架。主轴传递转矩到齿轮箱，齿轮箱承受风轮转矩载荷，其支撑需考虑对机舱底盘的反转矩。所以风轮轴部件必须配置推力轴承。风轮轴组件与齿轮箱分别安装在底盘上，然后由联轴器把它们连接起来。见图 2-1 和图 2-2 。

风轮轴的结构特点是一头大一头小，大头是安装轮毂的法兰盘，小头是安装联轴器的轴头。紧挨着法兰盘的前轴颈，用于安装主轴前轴承。靠近安装联轴器轴头的是后轴颈，用于安装主轴后轴承。

独立齿轮箱结构的优点是：齿轮箱体积相对较小，齿轮油用量比同功率齿轮箱、风轮轴一体结构的机组低 50%左右，齿轮箱重量低 30%左右。独立齿轮箱结构刹车过程较为平稳，齿轮箱承受的冲击载荷较小。

其缺点是：因为低速轴的存在，机舱结构相对拥挤，需对低速轴轴承单独进行润滑。

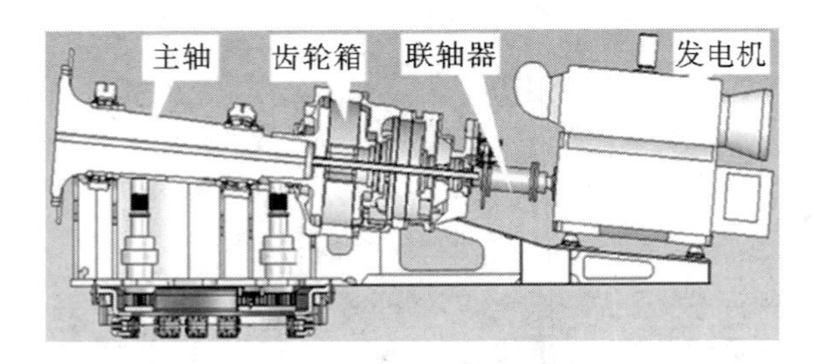

图 2-1　风轮轴完全独立结构

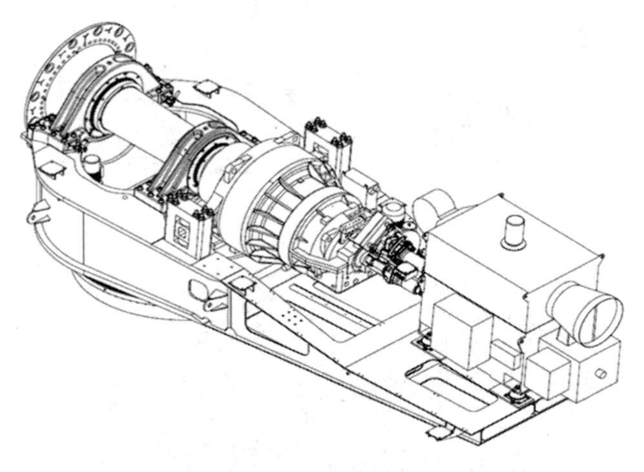

图 2-2　风轮轴完全独立结构

2. 风轮轴半独立结构

风轮轴半独立结构是只有一组前轴承托架，后轴承是与齿轮箱共用的。这种结构决定了风轮轴与齿轮箱共同承受风轮自重产生的弯曲力矩和风轮的轴向推力。因此，齿轮箱的第一轴必须使用推力轴承，同时要求齿轮箱的箱体必须厚重，满足强度要求。这种结构的风轮轴与齿轮箱之间采用半刚性的胀套连接或刚性的法兰连接，前轴承托架安装在底盘上。齿轮箱一般是采用浮动托架安装。这种风轮轴是有锥度的，如此设计减小了轴上的弯矩，又节约材料，减轻了重量。风轮轴半独立结构，见图2–3至图2–5。

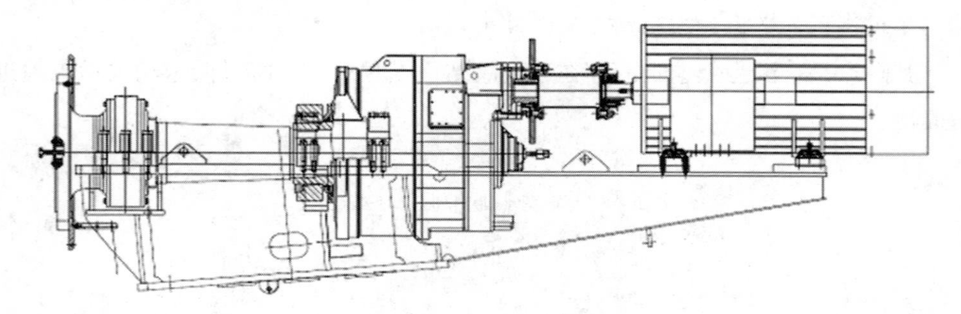

图2–3　风轮轴半独立结构

图2–4　风轮轴半独立结构

图2–5　风轮轴半独立结构

3. 风轮轴为齿轮箱轴结构

风轮轴为齿轮箱轴的结构是将齿轮箱的第一轴直接作为风轮轴使用。这种方式省去了风轮轴组件，因此齿轮箱必须尽可能靠前安装。因为齿轮箱的第一轴完全承受风轮自重产生的弯曲力矩和风轮的轴向推力，所以齿轮箱的第一轴必须十分粗大。齿轮箱的厚度应大于其第一轴前轴承到风轮的距离，这样可减小弯曲力矩带来的轴承载荷。齿轮箱的第一轴必须使用推力轴承，以承受风轮的轴向推力。所以齿轮箱比前两种厚重很多。这种结构材料和重量减少不了多少，但是由于零部件的减少而使故障率有所降低，同时安装工作量大幅度减少，是这种结构的突出优点。风轮轴为齿轮箱轴结构，见图 2–6 和图 2–7。

图 2–6　风轮轴为齿轮箱轴结构

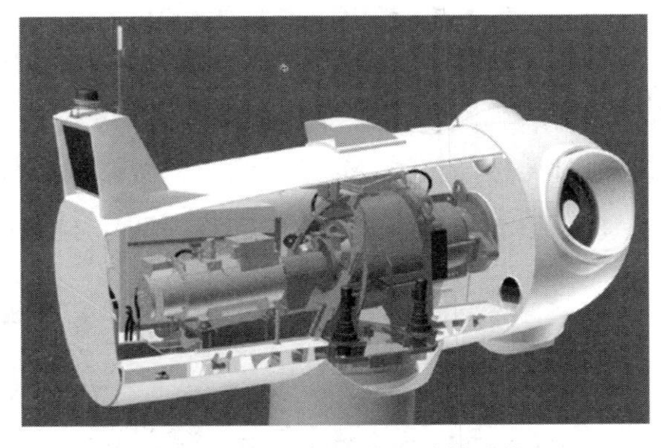

图 2–7　风轮轴为齿轮箱轴结构

齿轮箱和风轮轴一体结构的优点是：因将低速轴与齿轮箱结合为一体，机舱结构相对宽敞，齿轮油直接对低速轴轴承进行润滑，免去了运行人员的维护工作。其缺点是：体积较大、重量大、结构相对复杂、造价较高。齿轮箱要直接承受来自叶轮的冲击载荷。在刹车过程中，齿轮箱也要承受较大的载荷，对齿轮箱自身要求较高。

4. 直驱无齿轮箱结构

直驱型风力发电机组不使用齿轮箱，采用风轮与发电机转子共用一个轴的方式。这种方式传动链最短，使用零部件最少，所以故障率也最低。在维修困难的地方，使用直驱发电机组是最佳选择，例如在山顶或海上。直驱型风机是大型风力发电机组的发展方向。这种结构的风轮不是悬臂结构，其动态稳定性好、寿命长、可靠性高。见图 2–8。

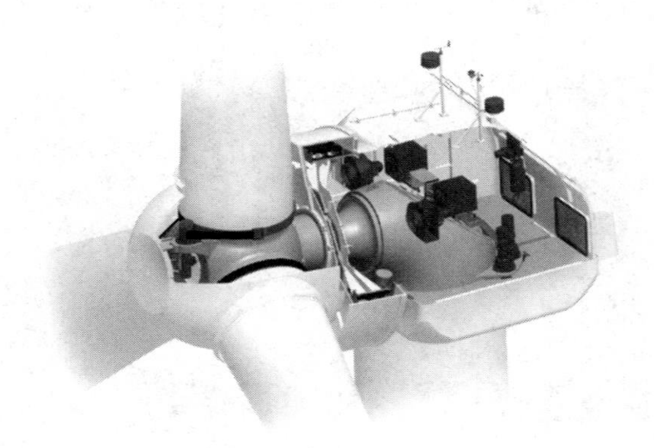

图 2–8　直驱式无齿轮箱结构

5. 混合驱动结构

这种结构形式是通过低速传动的齿轮箱增速，进而部分提高发电机的输出转速。这种结构结合了直驱型和传统形式结构的优点。见图 2–9。

图 2–9　混合驱动结构

二、机械装配基础知识

机械装配是机械制造中的后期工作，是形成产品的关键环节。机械装配是根据产品设计的技术规定和精度要求等，将构成产品零件结合成组件、部件和产品的过程。机械装配工艺根据产品结构、制造精度、生产批量、生产条件和经济情况等因素，将这一过程具体化。机械装配工艺必须保证生产质量稳定、技术先进、经济合理。机械装配工艺是机械制造工艺中的重要组成部分。

保证产品的机械装配质量，应以合格的零部件进行装配为前提。但即使全部是合格的零部件，如果采用了不合理的装配工艺，也不能形成质量稳定的合格产品。

一套完整的机械装配工艺，在准备阶段有零部件的清洗、平衡，以及尺寸或质量的分选等工艺；装配阶段有零部件的装入、调整、联接，以及过程中的检测、物料储存、输送等工艺；在后期阶段，许多产品有运转实验等工艺，以及与装配关系密切相关的油漆、包装等工艺。

（一）装配工艺方案的选择

装配工艺方案的选择主要是指：按产品结构、零件大小、制造精度、生产批量等因素，选择装配工艺的方法、装配的组织形式，以及装配的机械化和自动化程度。

1. 装配工艺配合法

装配工艺配合法以装配零部件的尺寸（包括角度）精度为依据。选择时，可找出装配的全部尺寸（包括角度）链。合理计算，把封闭环的公差值分配给各组成环，确定各环的公差及极限尺寸。这里所指的组成环是配合零件的尺寸，而封闭环则是间隙、过盈或其他的精度特性。

装配工艺配合法可分为五种：完全互换法、不完全互换法、分组选配法、调整法和修配法。其中，互换法和选配法须根据配合件公差和装配允差的关系来确定；调整法可按经济加工精度确定组成环的公差，并选定一个或几个适当的调节件（调节环），来达到装配精度的要求；修配法也是按经济加工精度确定组成环的公差，并在装配时根据实测的结果，改变尺寸链中某一项预定修配件的尺寸，使封闭环达到规定的装配精度。各种装配工艺配合法的特点和使用范围，见表 2-1。

表 2–1　装配工艺配合法

配合法	工艺特点	适用范围	注意事项
完全互换法	1. 配合件公差之和，小于或等于规定的装配公差 2. 装配操作简单 3. 便于组织流水作业 4. 有利于维修工作 5. 对零件的加工精度要求较高	适用于零件数较少、批量大、零件可用经济加工精度制造的产品；或虽零件数较多、批量较小，但装配精度要求不高的产品	
不完全互换法	1. 配合件公差平方和的平方根，小于或等于规定的装配公差 2. 仍具有完全互换法的第 2、3、4 条特点 3. 会出现极少数超差配合	适用于零件略多、批量大、装配精度有一定要求的产品；零件加工公差比完全互换法适当放宽	装配时，要注意检查，对不合格的零件须退修，或更换能补偿偏差的零件
分组选配法	1. 零件的加工误差比装配要求大数倍，以尺寸分组选配来达到配合精度 2. 以质量分级进行分组选配 3. 增加对零件的测量分组、贮存和管理工作	适用于大批量生产中零件少、装配精度要求较高，又不便采用其他调整装配时	1. 严格加强对零件的组织管理工作 2. 一般分组以 2～4 组为宜 3. 为避免库存积压选配剩余的零件，可调整下批零件的加工公差
调整法	1. 零件按经济精度加工，装配过程中调整零件之间的组对位置，使各零件相互抵消其加工误差，提高装配精度 2. 选用尺寸分级的调整件，如垫片、垫圈、隔套等调整间隙，选用方便，流水作业均适用 3. 选用可调件或调整机构，如斜面、螺纹等调整有关零件的相对位置，以获得最小的装配积累误差	适用于零件较多、装配精度高，但不宜选配法时。适用面较广。如安装滚动轴承的主轴用隔圈调整游隙；锥齿轮副以垫片调整侧隙	1. 调整件的尺寸的分组数，视装配精度要求而定 2. 选用可调件时应考虑防松措施 3. 增加调整件或调整机构易影响配合副的刚度

续表

配合法	工艺特点	适用范围	注意事项
修配法	1. 预留修配量的零件，在装配过程中，通过手工修配或机械加工，获得高要求的装配精度。很大程度上依靠操作者的技术水平 2. 复杂精密的部件或产品，装配后作为一个整体，进行一次配合精加工，消除去积累误差	在单件小批量生产中，装配要求高的场合下采用	1. 一般选用易于拆装，且装配面积小的零件作为修配件 2. 尽可能利用精密加工方法代替手工修配，如配磨或配研

2. 装配工艺尺寸链

在装配工艺中，有关尺寸形成的封闭链形尺寸图，称为装配尺寸链。装配尺寸链的原理和计算公式和工艺尺寸链相同。

针对不同的装配工艺配合法，合理运用尺寸链的公式。在保持装配精度要求下，获得制造的经济性。

（1）采用完全互换法配合法，应用极大、极小计算法；在大批大量生产的条件下，可应用概率计算法。

（2）采用不完全互换法时，应用概率计算法。

（3）采用分组选配法时，组内互配件公差一般均按极大、极小计算法。

（4）采用修配法或调整法时，大部分情况都采用极大、极小计算法来确定修配或调整量。如果在大批量生产条件下采用调整法，也可应用概率计算法。

3. 装配组织形式

（1）装配组织形式的分类

①工作位置采用固定式或移动式。

②由一组（个）工人完成整个装配任务；也可由多组（个）工人分别作业，互相配合来完成整个装配任务。

③装配组织形式随生产规模的不同而各具特点，也与装配机械化和自动化的程度有密切关系。

（2）不同生产规模下装配组织形式的特点

①单件小批量生产。同一类品种的生产缺乏连续性或稳定性，品种多又无重复性。手工操作的各工序都不固定在一定的台位进行，工作台位很少专用化。装配对象常固定不动。

②成批生产。生产的品种规格有限。产品周期的变化和重复是最普遍的生产规模。装配工在工作中实行专业化。装配对象固定不动，也可组成作业人员流动的流水装配。有时也采用移动式装配，即将装配对象从一个工位向下一个工位传送。

③大批量生产。产品连续生产，稳定不变或基本稳定不变。采用移动式装配，为每个工位安排固定的装配工作。

（3）各种装配组织形式的选用和比较

目前，按照工件的年产量划分生产类型，尚无十分严格的标准。在划分时，可参考表 2–2 。

表 2–2　生产类型划分参考表

生产类型		零件的年产量/件		
		重型零件	中型零件	轻型零件
单件生产		<5	<10	<100
成批生产	小批	5～100	10～200	100～500
	中批	100～300	200～500	500～5000
	大批	300～1000	500～5000	5000～50000
大量生产		>1000	>5000	>50000

表 2–3 列出了装配的组织形式的特征并将其加以比较。这些组织形式，结合具体生产情况可以混合使用。如装配系列产品中有相当数量的通用部件，相应可用机械化、自动化装配。产品总装配则可在工作台或流水线上进行。

表 2–3　装配组织形式的选用和比较

机械化程度	生产规模	装配方法和组织形式	使用效果	备注
手工	大件大产品或特殊订货产品	一般都用手工和普通工具操作。仅从经济上考虑，一般不采用特种装配夹具和装配，依靠操作者的技术能力来保证装配质量	生产效率低，必须密切注意经常检测、调整，才能保持质量稳定	
夹具或工作台位	成批生产	各工位备有装配夹具、模具和各种工具，以完成规定的工作。可分部件装配和总装配，采用不分工的装配方式，也可组成装配对象固定而操作者移动的流水线	能适当提高生产率，满足质量要求，需用设备不多	工作台位之间一般不用机械化输送
人工流水线	小批或成批轻型产品	每个操作者只完成一定的工作，装配对象用人工依次移动，装配按装配工作顺序布置	生产率较高，操作者的熟练程度可稍低，装配费用较低	工艺相似的多品种可变流水线，可采用自由节拍移动或工位间具有灵活的传送，及柔性装配传送线或机械化传送线
机械化传送线	成批或大批生产	通常按产品专用，有周期性间歇移动和连续移动两类传送线	生产效率高，节奏性强，待装零部件不能扔脱节，装配费用较贵	
半自动、自动流水线（机）	大批量生产	半自动装配上下料用手工。全自动装配包括上下料为自动。装配线均需要专门设计制造	生产率高，质量稳定。产品变动灵活性差，对零件及装备维修要求高，装配费用昂贵	全部装配过程可在单独或几个连接起来的装配线上完成

4. 装配机械化和自动化

装配机械化和自动化的目的是：保证批量产品的装配质量及其稳定性，提高生产率，缩短生产周期，降低生产成本和改善劳动条件等。

（1）确定装配机械化和自动化程度的有关因素

①产品市场需求的稳定性及其生存期。

②生产批量和品种数，零部件的通用化和标准化程度。

③劳动生产率、劳动条件和生产的组织形式。

④零部件的制造质量和稳定性。

⑤产品结构、装配的精度要求和复杂程度。

⑥技术上的可靠性和投资的经济效果。

（2）提高装配机械化和自动化水平的途径

①改进产品设计，提高自动化装配的工艺性。着重改进零部件结构，以便于自动定向、给料、装配和检验。具备准确姿态和就位的给料是自动装配成功的关键。有时装配工艺的改进，远不及改进产品设计有效。

②提高装配工艺的通用性，适用类似产品的多品种生产。装配的模块化会为调整生产线的工位带来极大的方便，可以快速增加、递减或更换工位。灵巧的随行夹具有助于各道装配工序的精确定位和控制。采用标准的组成部分，能使一个系统简单地连接起来，可以减少元件的改装费用，还可节省时间。在实践中，要求整个装配系统能比较灵活地调整，提高生产能力。另外，自适应控制新技术已在自动化装配中推广应用，可根据基本参数进行数字逻辑运算，使装配过程达到最佳化。

③在自动装配中，发展使用机器人和装配中心。利用光学、触觉等传感器和微处理机控制技术，使机械手的重复定位精度达±0.1 mm。可根据装配间隙和零件表面温度等因素，自动调整位置，使零件顺利装入。

④人的因素必须考虑，而且仍是保证产品质量的主要措施之一。对技术要求较高、控制因素较多的装配作业，可根据具体情况，保留局部的人工操作，来弥补当前自动化水平的不足。这种方式既机动灵活，又可降低成本。

⑤另外，必须重视改进装配系统中各个细小环节和附属工作，使装配机械化、自动化的程度不断提高。

（二）装配工艺规程的编制

正确的装配工艺规程，是在总结过去生产实践和科学实验的基础上制订而成的，并通过生产工程的实践不断得以改进和完善。

1. 机械装配工艺过程

将产品全部零部件按照装配工艺组合成多个装配单元，将其变成产品的装配工艺流程图。

根据规定的技术要求，将零件或部件进行配合和连接，使之成为半成品或成品的过程，称为装配。机器的装配是机器制造过程中的最后一个环节，包括装配、调整、检验和试验等工作。装配过程使零件、套件、组件和部件间能获得一定的相互位置关系，所以装配过程也是一种工艺过程。机械装配工艺过程，见图2-10。

为保证有效地进行装配工作，通常将机器划分为若干能进行独立装配的装配单元。

（1）零件。它是组成机器的最小单元，由整块金属或其他材料制成的，是组成机器的基本元件。零件直接装入机器的不多，一般都预先装成套件、组件或部件才进入总装过程。

（2）套件（合件）。它是在一个基准零件上装上一个或若干个零件构成的，是最小的装配单元。每个套件只有一个基准零件，它的作用是联接相关零件和确定各零件的相对位置。为形成套件而进行的装配工作称为套装。

（3）组件。它是在一个基准零件上装上若干套件及零件而构成的。每个组件只有一个基准零件，它联接相关的零件和套件，并确定它们的相对位置。为形成组件而进行的装配称为组装。组件与套件的区别在于：组件在以后的装配中可拆，而套件在以后的装配中一般不再拆开，可作为一个零件参加装配。例如，主轴组件。

（4）部件。它是在一个基准零件上装上若干组件、套件和零件而构成的。同样，一个部件只能有一个基准零件，由它来联接各个组件、套件和零件，决定它们之间的相对位置。为形成部件而进行的装配工作称为部装，如车床的主轴箱。部件的特征是：在机器中能完成一定的完整的功能。

（5）机器。在一个基准零件上，装上若干个部件、组件、套件和零件就成为机器或称产品。一台机器只能有一个基准零件，其作用与上述相同。为形成机器而进行的装配工作，称为总装。

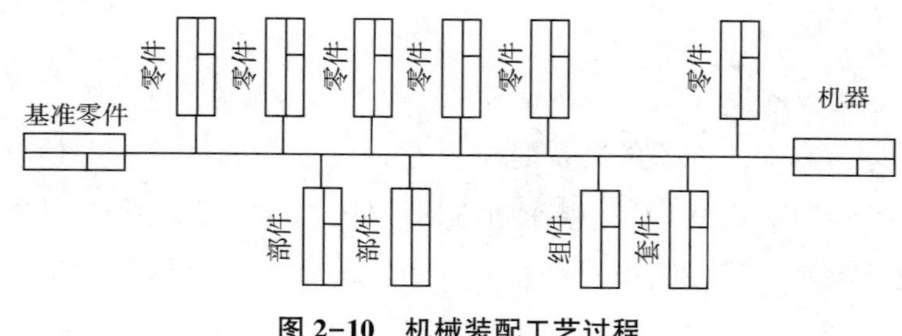

图 2-10 机械装配工艺过程

2. 制订装配工艺规程的基本原则

（1）进入装配的零件必须符合清洁度要求，并注意贮存期限和防锈。过盈配合或单配的零件，在装配前，对有关尺寸应严格进行复检，并打好配对记号。

（2）按产品结构、装配设备和场地条件，安排先后进入装配作业场地的零部件顺序，使作业场地保持整洁、有序。

（3）选择合适的装配基件，基件的外形和质量在所有零部件中占主要地位，并有较多的公共结合面。

（4）确定装配的先后顺序应有利于保证装配精度。一般是先下后上，先内后外，先难后易，先大后小，先精密后一般；另外，处于同方位的装配作业应集中安排，避免或减少装配过程中的基件翻身或移位；使用同一工艺设备，或要求在特殊环境中的作业，应尽可能集中，以免重复安装或来回运输。

（5）按产品技术要求，选择合适的工艺和设备。

（6）通常装配区域不宜安装切屑加工设备。对不可避免的配钻、配铰或配刮削等装配工序间的加工，要及时清理切屑，保持场地清洁。

（7）精密仪器、轴承和机床装配时，装配区域除了不应产生切屑和尘埃外，还要考虑温度、湿度、清洁度、隔振等要求。对就位精度要求很高的重大关键件，要具备超慢速的吊装设备；对重型产品的搬运、移动，装配区域要考虑配备耐压、耐磨地坪。

（8）推广和发展新工艺和新技术，积极开展新工艺实验，使装配工艺规程技术更先进，价格合理。

3. 自动装配工艺注意事项

（1）装配工序的划分，应使各个工位完成的工序时间大致相等或成倍数。

（2）装配过程应尽量减少或避免装配基件的翻身、转位、升降等，以免影响定位精度，并应简化输送装置。

（3）需经二次或多次定向的某些特殊零件，必要时可采用手工定向，以保证技术可靠和经济合理。简单零件的自动装配，可与成型相结合，有利于零件的定向和给料。

（4）对关键工序和易出故障的工序，应设置自动检测工位。

4. 装配的生产节拍和时间定额

（1）装配的生产节拍

在生产规模不大、机械化程度不高的单件小批量生产时，一般以固定工作台位手工作业为主。当产品的批量增大时，为提高设备利用率和劳动生产率，以便生产管理等，需要采用流水线装配。在流水线上连续装配两个产品所需的时间间隔，称为装配的生产节拍 T（min），计算方法如下：

$$T = 60\ F/N$$

其中，F 为流水线的年时间基数，一般机械制造厂，一班为 1970 h，两班为 3820 h；N 为产品的年产量，台或件。

若在流水线上进行多种产品装配时，则 N 为年多种产品的产量之和。另外，由于更换产品，流水线需作调整，将 T 乘以 0.85～0.95 的系数。系数的大小与调整的复杂程度和次数有关。

在连续传动的传送带上，每一工位完成装配工序的时间 t，加上产品移动一个工位的时间（传送时间），应与 T 相等或接近。

（2）装配的时间定额

在一定的生产条件下，规定装配成一个产品、部件，或完成一道装配工序所消耗的时间，称为时间定额。时间定额是安排生产计划和成本核算的主要依据。在设计新厂时，时间定额用于计算装配设备、装配台位、装配场地的面积等；将时间定额乘以装配台位的工作密度（一个装配台位或一道装配工序，同时进行装配作业的人数），用以计算装配作业人员的数量。时间定额由以下几项组成。

①基本时间。直接对零部件或产品改变形状、尺寸、相对位置等进行装配所消耗的时间。

②辅助时间。为完成装配过程中所必须进行的各种辅助工作的时间（在以手

工作业为主的装配过程，不单独列出)，如润滑设备、更换工具等。

基本时间和辅助时间之和称为装配作业时间。

③布置作业场地时间。为使生产正常进行，照管作业场地所消耗的时间。一般按装配作业时间的百分数计算，单件、小批生产占的比例大。

④作业人员生理需要的时间。按作业的劳动强度，为恢复作业人员的体力，以及其他自然需要所消耗的时间。一般按装配作业时间的百分数计算，劳动强度大的占的比例大。

⑤准备与结束时间。为了装配一批产品（部件)，进行准备和结束工作所消耗的时间。批量越大，分摊到每个产品（部件）的时间越少。

应积极采用新工艺、新技术。只有增大产品投入批量，提高机械化、自动化装配程度，才能缩短时间定额和提高劳动生产率。

5. 装配工艺规程编制程序

制订装配工规程的原始资料，主要是产品图样及其技术要求；生产纲领、生产类型；目前机械制造水平和人文环境等。

（1）了解产品的装配图和零件图，以及该产品的性能特点、用途、使用环境等。认识各部件在产品中的位置和作用，找出装配过程的关键技术。

（2）在充分理解产品设计的基础上，审查其结构的装配工艺性。对装配不利的结构应提出改进意见，尤其在机械化、自动化装配程度较高时，显得更为重要，可起到事半功倍的作用。

（3）根据生产纲领、生产类型和经济条件，确定投入批量（单品种大量生产除外）和装配工艺原则。

（4）将产品全部零部件，按既定的装配工艺原则组合装配单元，编制装配工艺流程图。

（5）按装配工艺流程图设计产品的装配全过程（含各种实验)，编制装配工艺文件，并对其进行修正和完善；还需编制其他方面的工艺文件。

（三）机器的装配工艺设计

机器的自动装配，即机器装配工艺过程的自动化，是机器制造系统自动化的一个重要环节。通常，机器的装配作业比其他加工作业复杂。它需要依靠人的感觉器官，来综合观察和检测零件与部件的机械加工质量和配套情况，然后根据装配的最终技术要求，运用人的智慧和装配知识来进行判断，做出决策，并采取适合于各种情况的装配工艺措施，才能获得装配质量完好的机器。因此，在现代的机器生产中，装配工作占用的手工劳动量大，装配费用高，装配的生产率低。

1. 实现机器装配自动化的条件

（1）实现自动装配的机械产品的结构和装配工艺，应该保持一定的稳定性和先进性。

（2）采用的自动装配机或装配自动线应能确保机器的装配质量。

（3）采用的装配工艺，既应保证容易实现自动化装配，又应保证自动装配的可靠性和稳定性。通常，应使装配过程按流水方式顺序地进行，尽量减少装配和运输过程中零件和部件的翻转和升降。

（4）产品的生产量应与自动化装配系统的特性相适应。在采用相对固定的自动化装配系统时，生产纲领要足够大并保持稳定；而对于多品种、中小批生产的产品，其自动装配系统应具有较大的柔性。

（5）要求设计的机器产品及其零、部件具有良好的装配工艺性，以使自动装配容易实施。

零、部件的装配工艺性要求包括以下几点。

①结构简单、形状规则，特别是装配基面和主要配合面形状要规则。

②参与装配的零、部件应能互换，并且便于运输和装入，易于自动定位和定向。

③零、部件的组装方向尽可能一致，以便从一个方向就能完成装配。

④尽量减少螺纹连接，多用粘接和焊接。

2. 机器装配自动化的基本内容

机器装配工艺过程自动化的基本内容包括两方面：装配过程中物流的自动化和装配过程中信息流的自动化。

（1）装配中的物流自动化包括：

①装配的零、部件传送和给料的自动化。

②零件的定向和定位的自动化。

③零件装配作业的自动化。

④装配前后零件和相配件配合尺寸精度的检验及选配的自动化。

⑤产品质量的最终检验和试车的自动化。

⑥产品的清洗、油漆、涂油和包装的自动化。

⑦成品的运输和入库的自动化。

（2）装配过程中信息流的自动化主要包括：

①市场预测和订货要求与生产计划间信息数据的汇集、处理和传送的自动化。

②外购件和加工好的零件的存取，以及自动仓库的配套发放等管理信息流的自动化。

③自动装配机（线）与自动运输、自动装卸机及自动仓库工作协调的信息流的自动化。

④装配过程中的监测、统计、检查和计划调度的信息流的自动化。

3. 自动装配系统的设计原则

（1）自动装配系统中各个分系统的设计，都应围绕着使整个装配系统能自动地按最佳状态运行，以圆满达到自动装配的目的。

（2）设计的自动装配系统，应具有与生产规模相适应的柔性，以适应产品和装配工艺的改进。

（3）使装配作业的基本操作能够可靠地实现自动化，并使自动化机构简单可靠。

（4）自动装配过程应尽量按单个零件逐个装入的顺序来安排，避免装成多个组件来拼装的工艺。

（5）对大批大量生产，装配自动线划分工序时，应力求同步。不得已时，应使不同步的工序时间互成整数倍关系，以便于平衡和协调自动装配的工作。

（6）对中小批生产，其自动装配可以不受同步的限制。但应将自动装配系统或自动装配机设计成可变程序和可自动更换工具的数控装配中心、程序控制的可更换工具的装配中心，或通用的装配机器人系统。

（7）为便于实现装配、定向和定位的自动化，必要时可以改变产品零部件的结构，并减少装配过程中零部件的位置变换。

（8）尽量采用先进的装配工艺。例如，用点焊、粘结代替螺纹联接及铆接工艺，用工序集中的可变装配工艺，代替工序分散的不可变装配工艺，来扩大中小批生产的装配灵活性和可变性。

(9) 合理安排装配过程中的自动检验工序，尽量使装配质量保持稳定。即在配合精度要求高的装配件和装配工序，安排配合件尺寸精度的自动检验和自动选配工序。

(10) 把配合精度要求高的相配件中的一种零件，安排自动分组。装配时，根据对另一相配件配合尺寸精度自动检测的结果，选择相应组的配合件，然后再进行自动装配。如滚动轴承的内外环与滚珠（柱）的自动装配，就是采用这种工艺。

第二节　装配主轴总成和齿轮箱

一、主轴轴承

主轴轴承位于风力发电机主轴上，工作负荷高，要能够补偿主轴的变形，因此要求主轴轴承必须拥有良好的调心性能，较高的负荷容量，以及较长的使用寿命。

主轴轴承一般采用通过优化设计的调心滚子轴承结构。见图 2-11 和图2-12。

它由一个带球面滚道外圈、一个双轨道内圈、一个或两个保持架，以及一组球面滚子组成。轴承外圈滚道的曲率中心与轴承中心一致，因此具有良好的调心功能。当轴受力弯曲或安装不同心时，轴承仍可正常使用。调心能力随轴承尺寸系列不同而异，一般所允许的调心角度为1°~2.5°。该类型可以承受径向负荷和两个方向的轴向负荷。其承受径向荷载能力大，但不能承受纯轴向载荷，适用于有重载荷或振动载荷下工作。一般来说，调心滚子轴承所允许的工作转速较低。

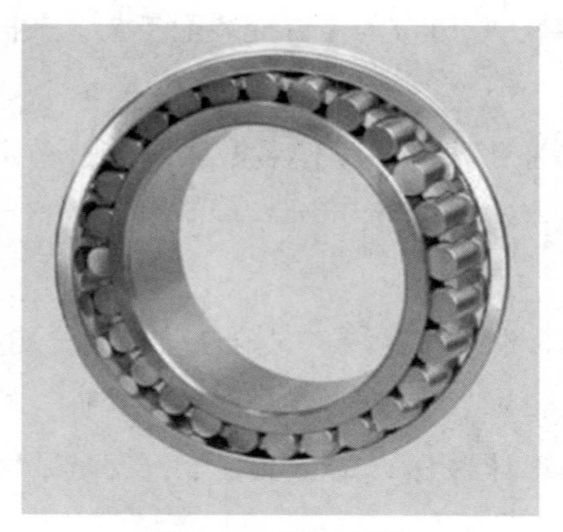

图 2-11　调心轴承

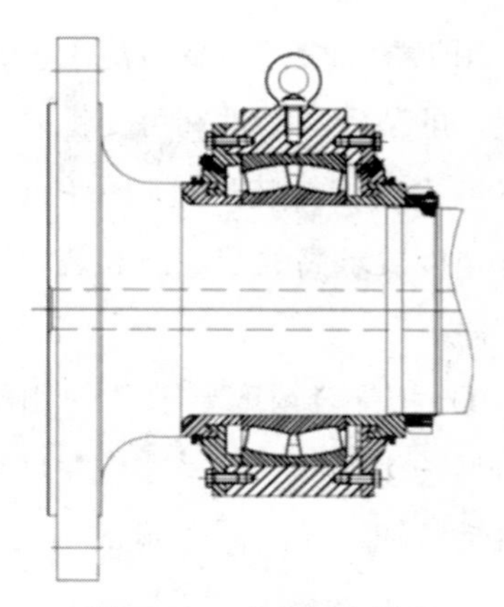

图 2-12　安装调心轴承

二、装配主轴总成

（1）安装叶轮锁定盘。主轴垂直放置，用专用吊具吊起叶轮锁定盘，将其放置于主轴安装位置，并用螺栓固定。注意不要碰伤主轴防腐层，见图 2-13。

图 2-13　安装叶轮锁定盘

（2）安装左密封环。清理干净左密封环，用专用吊具吊起，将其放在感应加热器上加热，加热至规定温度，如图 2-14。安装到主轴上，检验并确保左密封环下端面与主轴之间无间隙，用塞尺测量，见图 2-15。等冷却到室温后，在其密封槽上安装 V 形密封圈。注意安装 V 型密封圈时的方向。

图 2-14　加热左密封环

图 2-15　安装左密封环

（3）安装左端盖。将左端盖套装入主轴，见图 2-16；并在其润滑脂腔内加满规定型号的润滑脂，见图 2-17 。

图 2-16　安装左端盖

图 2-17　左端盖加润滑脂

（4）安装主轴轴承。清理主轴轴承并按技术文件要求调整感应加热前的温度值。将轴承吊至感应加热器上，加热至规定的温度，见图 2-18。

图 2-18　加热轴承

①套装轴承。安装轴承专用吊具，用框式水平仪测量并调整使轴承水平，见图 2-19。将加热好的轴承套入主轴，轴承下端面与左密封环上端面之间无间隙贴合。**注意**，应将标有轴承出厂编号的端面朝上。安装轴承时，不能碰伤主轴防腐层。见图 2-20。

图 2-19　调整轴承水平

2-20　安装主轴承

②轴承加润滑脂。轴承冷却至室温，在轴承滚动体内加入规定型号的润滑脂，见图 2-21。

图 2-21　主轴承加润滑脂

③密封。在左端盖的安装平面上涂抹规定密封胶，密封胶形状呈波浪形，无间断。

④安装轴承座体。清理轴承座体，见图 2-22。用专用吊具将轴承座体吊起，调整吊具，用框式水平仪调整使轴承座体水平。将轴承座体吊起套在轴承上，有止口的端面朝上，下表面与轴承外圈上端面无间隙。注意应将轴承座体上的两个

加油口与轴承上的任意两加油口对正，见图 2-23。

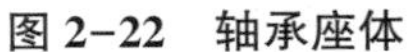

图 2-22　轴承座体

图 2-23　安装轴承座体

⑤密封。轴承座体的上端面涂平面密封胶，形状呈波浪形，无间断。

⑥安装右端盖。用吊具将右端盖吊起，套入主轴。在其润滑脂腔内，加满工艺规定型号的润滑脂。**注意**，套装时，不能碰伤主轴防腐层，见图 2-24 和图2-25。

图 2-24　安装右端盖一

图 2-25　安装右端盖二

⑦安装右密封环。将完成加热的右密封环按图 2-26 安装到位，下端面与轴承上端面之间无间隙贴合。待密封环冷却到室温后，安装 V 形密封圈。应注意 V 型密封圈的安装方向。

图 2-26　安装右密封环

⑧安装堵头和注油嘴。安装左右端盖堵头，在轴承座体上安装注油嘴，并将其固定牢固。

⑨固定左右端盖。用规定的标准件，将左右端盖固定在轴承座体上，并在螺栓的螺纹旋合面涂抹规定的介质。**注意**，应将主轴承左、右端盖堵头的位置对正，方向朝向轴承座体的吊环螺钉。左、右端盖螺栓的紧固方法依据规定紧固，见图 2-27。

图 2-27　安装锁紧螺母

⑩安装主轴锁紧螺母。清理干净主轴锁紧螺母和主轴的螺纹，将主轴锁紧螺母套装主轴上，用专用锁紧工装旋紧锁紧螺母。**注意**，安装锁紧螺母时，有螺纹孔的端面朝上，见图 2-27。

⑪制作与安装防松片。将主轴锁紧螺母紧固到位，根据锁母的止口与主轴止口的相对位置关系，配做主轴螺母防松片。用规定的紧固件将其固定牢固，在螺

栓上涂抹规定的介质，见图 2-27。

⑫后处理。清理干净轴承座体、左右端盖、左右密封环、主轴锁紧螺母和防松片的金属裸露面，固定螺栓并做防腐处理。装配完成的主轴总成，见图2-28。

图 2-28　主轴总成

三、主轴总成与齿轮箱的组对

（一）主轴总成与齿轮箱的装配

（1）清理。清理干净齿轮箱的高速刹车盘、法兰轴套和低速轴内外表面。检验主轴和齿轮箱的内外表面，应符合《机械设备安装工程施工及验收通用规范》GB50231 和《风力发电机组装配和安装规范》GB/T 19568 的相关装配技术要求。

（2）安装胀紧联接套。拆卸胀紧联接套上的连接螺栓，将螺栓涂固体润滑膏。将胀紧联接套的内圈取出，清理干净锁紧盘内外圈。内圈外在锥面上均匀涂抹一层规定的润滑脂。然后，再将内圈重新装入胀紧联接套外圈，用手旋紧联接螺栓。

（3）安装胀紧联接套。用专用吊具将胀紧联接套吊起，将其安装到齿轮箱的低速端。胀紧联接套后，端面紧靠安装止口。见图 2-29。

图 2-29　安装胀紧联结套

(4) 调整主轴水平。为了保证装配安全，应准备好装配主轴和齿轮箱的吊具。安装主轴，调整吊具，将主轴水平放置在工装上。重新安装吊具，调整高度，使主轴呈水平状态。将主轴安装面外圆面和齿轮箱主轴安装孔内表面用规定的清洗剂擦洗干净。见图 2-30 和图 2-31。

图 2-30　调整主轴位置

图 2-31　吊点捆扎

(5) 组对主轴与齿轮箱。测量齿轮箱主轴安装孔的深度，并在主轴相应位置做标记。调整主轴水平，对正齿轮箱安装孔。将主轴装进齿轮箱安装孔，齿轮箱安装孔的端面与主轴上的标记线重合。拆除吊具。见图 2-32 和图 2-33。

图 2-32　测量齿轮箱孔深度

图 2-33　测量主轴的配合长度

（6）检验。检验主轴和齿轮箱的装配尺寸和零部件的表面质量，测量叶轮锁定盘外侧到齿轮箱弹性轴安装面的距离为规定值。见图 2-34 和图 2-35。

图 2-34　组对主轴齿轮箱

图 2-35　检验装配尺寸

（7）紧固联接螺栓。螺栓力矩值应符合胀紧联接套随机技术文件的规定。

（二）安装主轴及齿轮箱总成

（1）安装吊具。将主轴和齿轮箱总成吊起，将其调整好位置放到底座的齿轮箱支撑座上。见图 2-36。

图 2-36　安装齿轮箱及主轴的吊具

（2）固定齿轮箱。在齿轮箱弹性支承轴两端分别垫上齿轮箱支承压板。按照工艺文件的规定，用螺栓将齿轮箱固定在底座上，在螺栓上涂抹规定的润滑介质。见图 2-37。

图 2-37　固定齿轮箱弹性轴

（3）紧固主轴。将主轴的轴承座安装孔对正后，用螺栓将主轴固定在底座上。在螺栓的螺纹旋合面和螺栓头部与垫圈的接触面涂固体润滑膏。在螺栓上涂抹规定的润滑介质，再将螺栓紧固。见图 2-38。

图 2-38　固定轴承座

（4）后处理。在齿轮箱和主轴安装完成后，做防腐和防松标记并对裸露的零部件金属表面做防腐处理。见图 2-39。

图 2-39　防松防腐标记

第三节　安装齿轮箱冷却与润滑系统

一、安装润滑系统

1. 安装润滑系统

润滑系统的功能是在齿轮和轴承的相对运动部位上产生一层油膜，使零件表面产生的点蚀、磨损、粘接和胶合等破坏作用最小化。润滑系统设计与工作的优劣直接关系到齿轮箱的可靠性和使用寿命。

齿轮箱的润滑十分重要，良好的润滑能够对齿轮和轴承起到足够的保护作用。为此，必须高度重视齿轮箱的润滑问题，严格按照规范使润滑系统长期处于最佳状态。齿轮箱常采用飞溅润滑或强制润滑系统，一般以强制润滑系统为多见。设置有液压泵、过滤器，下箱体作为油箱使用，液压泵从油箱抽油后，油液经滤油器输送到齿轮箱的润滑管路，再通过管路将油送往齿轮箱的轴承和齿轮等各个润滑部位。管路上装有各种监控装置，以确保齿轮箱在运转当中不会出现断油情况。同时，还须配有电加热器和强制循环或制冷降温系统。

在齿轮箱运转前先启动润滑油泵，待各个润滑点都得到润滑后，间隔一段时间方可启动风力发电机组。当环境温度较低时，例如小于 10 ℃，须先接通电热器加机油，达到预定温度后才能投入运行。若油温高于设定温度，如 65 ℃时，机组控制系统将使润滑油进入系统的冷却管路，经冷却器冷却降温后再进入齿轮箱。管路中还装有压力控制器和油位控制器，以监控润滑油的正常供应。如发生故障，监控系统将立即发出报警信号，以使操作者能迅速判定故障并加以排除。

润滑泵的安装过程如下。

（1）清理。清理干净各润滑管路，认真查看润滑系统总成的安装图，分清各油管的安装位置。

（2）安装吸油管总成。用螺钉的对开法兰将吸油管总成固定在润滑泵前端的接口上。在对开法兰接口处加 O 型圈，螺栓要对称紧固。见图 2–40。

（3）安装溢流管总成。用螺钉和对开法兰将溢流管总成 90°弯头的一端固定在润滑泵上端的接口上。在对开法兰接口处加 O 型圈，螺栓要对称紧固。

（4）安装润滑胶管。用螺钉和对开法兰将润滑胶管Ⅳ的一端固定在油泵后端的接口上。在对开法兰接口处加 O 型圈，螺栓要对称紧固。

（5）后处理。在三根胶管的金属连接部分和油泵的金属裸露部分刷防锈油。

（6）安装润滑泵总成。用螺栓将弹性支撑固定在底座上。将电机油泵组和弹性支承先用手旋紧。待吸油管总成和溢流管总成的另一端与齿轮箱连接好，油泵的位置确定后，再紧固螺栓。见图 2–40。

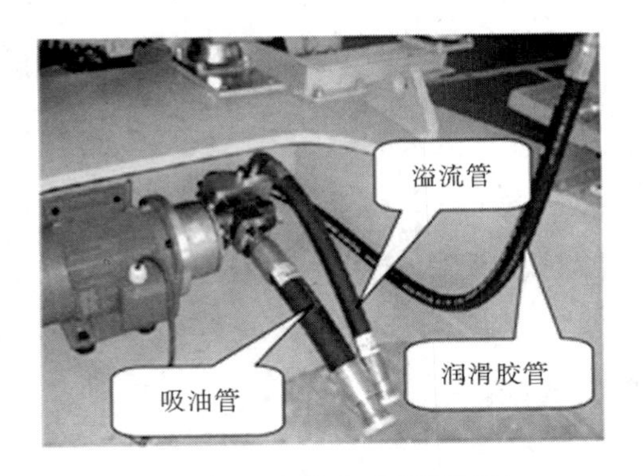

图 2-40　安装齿轮箱润滑泵

2. 润滑油要求

（1）润滑油的使用要求。润滑油的牌号、质量等性能指标必须满足齿轮箱的设计要求。实际使用润滑油时应满足以下四点要求。

①减少摩擦和磨损。具有较高的承载能力，并能防止胶合在一起。

②吸收冲击和振动。

③防止疲劳点蚀。

④冷却、防锈、抗腐蚀。

不同类型的传动系统对润滑油有不同的要求。风力发电机的齿轮箱属于闭式齿轮传动类型，其主要失效形式是胶合与点蚀。因此在选择润滑油时，重点要保证有足够的油膜厚度和边界膜强度。在较大的温差下工作时，其要求粘度指数也应相对较高。为提高齿轮的承载能力和抗冲击能力，适当地添加一些添加剂也是很有必要的。但是添加剂有一些副作用，在选择时必须慎重。齿轮箱制造厂一般根据自己的经验或实验研究推荐各种不同的润滑油，也可根据《工业闭式齿轮油》GB5903 选用润滑油。

（2）换油周期。在齿轮箱运行期间，要定期检查运行状况：查看运转是否平稳，有无振动或异常噪声，各处连接和管路有无渗漏，接头有无松动，油温是否正常等。应定期更换润滑油，第一次换油应在首次投入运行 500 h 后进行。此后的换油周期为每运行 5000～10000 h 时。在运行过程中，也要注意箱体内油质的变化情况，定期进行取样化验。若油质发生变化，氧化生成物过多并超过一定比例时，就应及时更换润滑油。

齿轮箱应每半年检修一次，备件应按照正规图样制造。更换新备件后的齿轮箱，其齿轮啮合情况应符合技术条件的规定，并经过试运转与负荷实验后再正式使用。

二、齿轮箱润滑油的冷却与加热

（一）润滑油的冷却系统

在热带或沙漠地区运行的风力发电机组，可能会长期工作在 50 ℃以上的环境中。这样高的温度会使润滑油的粘度变稀，使油膜变薄并使承载能力降低，进而导致齿轮箱内各润滑点的润滑状态恶化，可能使齿轮箱寿命缩短甚至损坏。

为了保障在热带或沙漠地区运行的风力发电机组正常运行，机组在齿轮箱润滑系统中专门设置了强制冷却器或制冷型冷却器。在机组启动前，当检测系统检测到环境温度高于规定的环境温度时，或在运行中检测到润滑油温度达到润滑油的允许上限温度时，就会启动齿轮箱的冷却系统，以保证齿轮箱可靠润滑。

冷却系统的安装过程如下所示。

（1）清理。清理干净散热器支架、散热器风道法兰和散热器。

（2）安装散热器风道法兰。用螺栓将散热器风道法兰固定在散热器上。在螺栓上涂螺纹锁固胶，用规定的力矩值紧固螺栓。见图 2-41。

图 2-41　安装散热器风道法兰

（3）安装散热器。用专用吊具将散热器总成吊装到齿轮箱上，用螺栓将散热器支架固定在齿轮箱上，并将螺栓涂螺纹锁固胶。用规定螺栓力矩值紧固螺栓。见图 2–42。

图 2–42 安装散热器

（二）润滑油的加热系统

在高寒地区运行的风力发电机组，可能会长期工作在–30 ℃以下。这样低的温度将会使润滑油的粘度增大，润滑泵的效率降低，管道阻力增大，进而导致齿轮箱内各润滑点的润滑状态恶化，还可能使齿轮箱寿命缩短甚至损坏。

为了保障在高寒地区运行的风力发电机组正常运行，风力发电机组在齿轮箱润滑系统中专门设置了电加热器。在机组启动前，检测系统会根据检测到的润滑油温决定机组是否可以启动。当温度低于设定值时，首先启动润滑油加热系统。待油温达到设定值后，才会允许机组启动。加热器见图 2–43 和图 2–44 。

图 2-43　加热器一

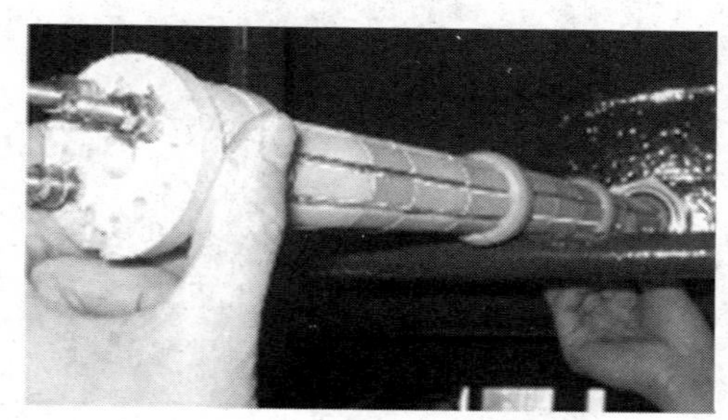

图 2-44　加热器二

三、齿轮箱的监控系统

风力发电机组齿轮箱在传动系统中的作用是，等功率地将风轮获得的低转速的机械能转变成高转速的机械能。传动系统中的齿轮箱是载荷和转速匹配的中心部件。因此，齿轮箱的运行状态和技术参数直接影响整个机组运行的技术状态。正是由于齿轮箱的技术功能特点，在风力发电机组传动系统中的齿轮箱，一般都设计有相应的监控设施。控制系统可以实时监控其中的轴承温度、润滑油温、润滑系统的油压和润滑油位。并且根据环境条件的不同，会配备有润滑油的加热和散热装置，控制系统可以根据润滑油的温度自动地启动散热装置和加热装置，以使齿轮箱尽可能地工作于最佳状态。

1. 齿轮箱监控系统的组成

齿轮箱的监控系统主要由润滑油温度传感器、油位传感器、油压传感器、油流量传感器、电接点压力表、加热器温度传感器、冷却器温度传感器、控制用微处理器等设施组成，以方便地面监控。若发生故障，监控系统将立即发出报警信号，使操作者能迅速判定故障并加以排除。齿轮箱监控系统的组成，见图 2-45。

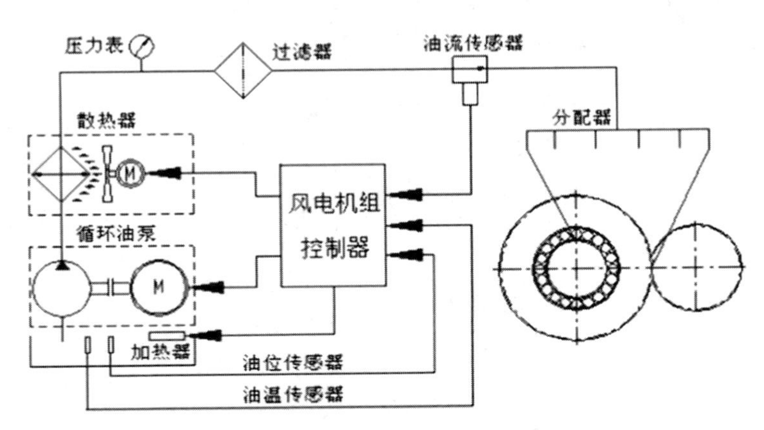

图 2-45　齿轮箱监控系统的组成

2. 齿轮箱监控系统与主控系统的关系

齿轮箱的润滑油温度信号、油位信号、油流信号都是控制系统的输入信号。控制计算机根据不同的信号触发不同的控制程序。控制程序驱动相关的执行元件执行相关的操作，可确保齿轮箱处于良好的工作状态。

温度传感器将箱体内的润滑油温度以模拟电压信号的形式发送到控制计算机。控制计算机首先将润滑油温信号和环境温度信号进行处理，形成数字控制信号。根据控制信号的不同，计算机将触发不同的控制逻辑。控制逻辑再输出相应的控制信号驱动继电器或发出报警信号。继电器的状态决定相应接触器的断开和闭合。接触器的状态直接控制相应执行元件的动作，如散热风扇的启动和停止、加热电热器的接通和断开、自动停机等。油位传感器根据润滑油位的高低会发出一个开关信号。开关信号输入计算机后触发相应的逻辑模块。判断逻辑根据信号的状态发出报警信号，控制机组自动停机或正常运行。油流传感器发出的也是一个开关信号，开关信号输入计算机后触发相应的逻辑模块。判断逻辑根据信号的状态发出报警信号，控制机组自动停机或正常运行。

复习思考题

1. 主轴与齿轮箱，用什么零部件连接？其优缺点是什么？
2. 装配工艺配合法分哪几种？
3. 传动链的风轮轴有哪几种布置形式？
4. 简述主轴总成的装配过程。
5. 简述主轴和齿轮箱与机架如何联接。

第三章　联轴器、制动器、液压站的安装和调整

学习目的：

1. 了解联轴器、制动器和液压站的安装方法。
2. 了解制动器的调整方法。
3. 了解液压站的结构。

第一节　联轴器的安装和调整

联轴器所联接的两轴，由于制造及安装误差、承载后的变形和温度变化的影响等，往往不能保证严格的对中，而是存在某种程度的相对位移，联轴器所联两轴的相对位移，见图 3-1。这就要求在设计联轴器时，要从结构上采取各种不同的措施，使之具有适应一定范围的相对位移的性能。

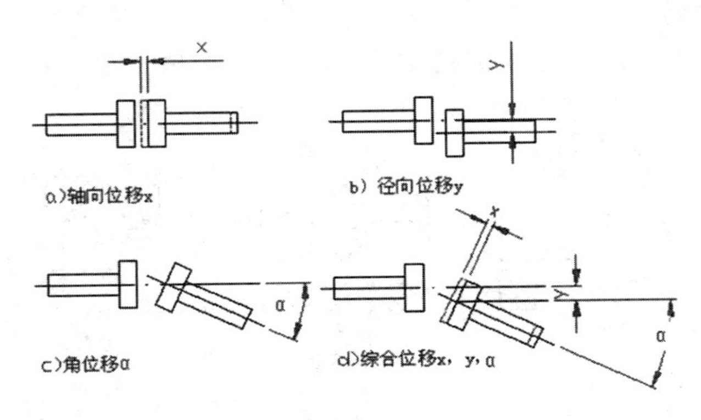

图 3-1　联轴器所联两轴的相对位移

根据对各种相对位移有无补偿能力，联轴器可分为刚性联轴器（无补偿能力）和挠性联轴器（有补偿能力）两大类。挠性联轴器又可按是否具有弹性元件，分为无弹性元件的挠性联轴器和有弹性元件的挠性联轴器两个类别。挠性联轴器因具有挠性，故可在不同程度上补偿两轴间的某种相对位移。

一、刚性联轴器

这类联轴器有套筒式、夹壳式和凸缘式等。这里只介绍较为常用的凸缘联轴器，见图 3-2。凸缘联轴器是把两个带有凸缘的半联轴器用键分别与两轴联接，然后用螺栓把两个半联轴器联成一体，以传递运动和转矩。这种联轴器有两种主要的结构型式：凸缘联轴器 a，是普通的凸缘联轴器，通常是靠铰制孔用螺栓来实现两轴对中；凸缘联轴器 b，是有对中榫的凸缘联轴器，靠一个半联轴器上的凸肩与另一个半联轴器上的凹槽相配合而对中。联接两个半联轴器的螺栓可以采用 A 级或 B 级的普通螺栓。此时，螺栓杆与钉孔壁间存在间隙，转矩靠半联轴器接合面的摩擦力矩来传递（凸缘联轴器 b）。也可采用铰制孔用螺栓，此时螺栓杆与钉孔为过渡配合，靠螺栓杆承受挤压与剪切来传递转矩（凸缘联轴器 a）。为了运行安全，凸缘联轴器可做成带防护边的（凸缘联轴器 c）。

凸缘联轴器的材料可用灰铸铁或碳钢。当重载时或圆周速度大于 30 m/s 时，应用铸钢或锻钢。

由于凸缘联轴器属于刚性联轴器，对所联两轴间的相对位移缺乏补偿能力，故对两轴对中性的要求很高。主要缺点是当两轴有相对位移存在时，就会在机件内引起附加载荷，使工作情况恶化。但由于构造简单、成本低、可传递较大转矩，故当转速低、无冲击、轴的刚性大、对中性较好时，常采用凸缘联轴器。

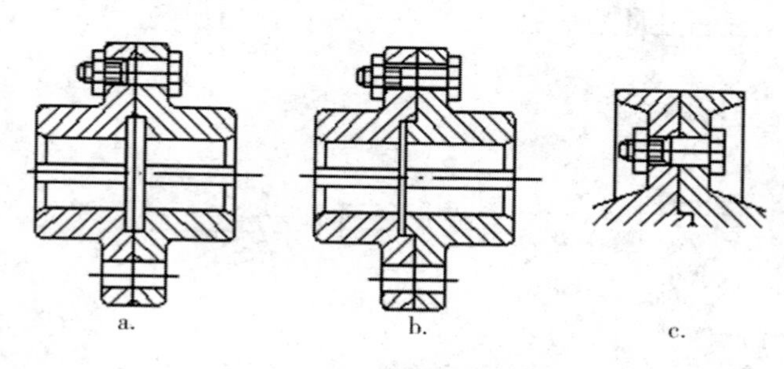

图 3-2　凸缘联轴器

二、挠性联轴器

1. 无弹性元件的挠性联轴器

这类联轴器因具有挠性，故可补偿两轴的相对位移。但因无弹性元件，故不能缓冲减振。常用的有以下三种：

（1）十字滑块联轴器

十字滑块联轴器由两个在端面上开有凹槽的半联轴器 1、3 和一个两面带有凸牙的中间盘 2 所组成。凹凸牙可在凹槽中滑动，故可补偿安装和运转时两轴间的相对位移。见图 3–3 和图 3–4。

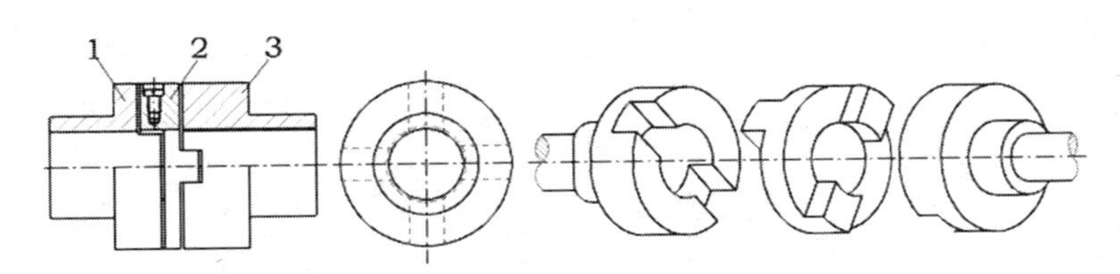

图 3–3　十字滑块联轴器

1、3- 半联轴器；2- 中键盘

图 3–4　十字滑块联轴器

这种联轴器零件的材料可用 45 号钢，工作表面须进行热处理，以提高其硬度。要求较低时，也可用 Q275 钢，不需要进行热处理。为了减少摩擦和磨损，使用时应从中间盘的油孔中注油进行润滑。因为半联轴器与中间盘组成移动副，不能发生相对转动，故主动轴与从动轴的角速度应相等。在两轴间有相对位移的情况下工作时，中间盘会产生很大的离心力，从而增大动载荷及磨损。因此，选用时应注意其工作转速不得大于规定值。

这种联轴器一般用于转速 n＜250 r/min，轴的刚度较大且无剧烈冲击的条件下。

（2）滑块联轴器

滑块联轴器与十字滑块联轴器相似，只是两半联轴器上的沟槽很宽，并把原来的中间盘改为两面不带凸牙的方形滑块，且通常用夹布胶木制成。由于中间滑块的质量较小，又具有弹性，故允许较高的极限转速。中间滑块也可用尼龙 6 制成，并可在配制时加入少量的石墨或二硫化钼，以便在使用时可以自行润滑。

这种联轴器的结构简单、尺寸紧凑，适于在小功率、高转速且无剧烈冲击的条件下使用。见图 3-5 和图 3-6。

图 3-5　滑块联轴器 1

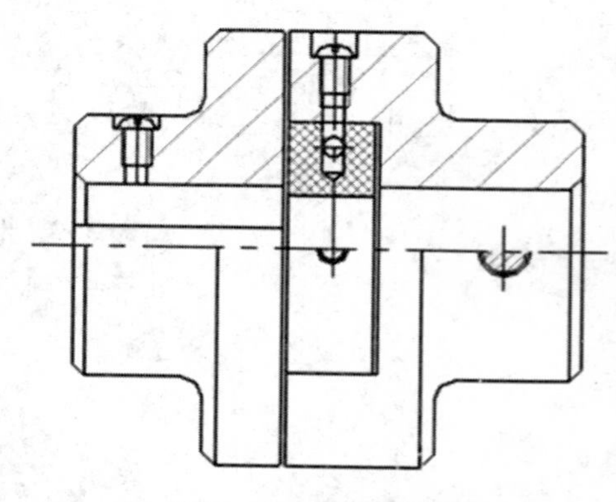

图 3-6　滑块联轴器 2

（3）十字轴式万向联轴器

十字轴式万向联轴器，它由两个叉形接头 1、3，一个中间联接件 2 和轴销 4、5 所组成。轴销 4 与 5 互相垂直配置并分别把两个叉形接头与中间件 2 联接起来，这样就构成了一个可动的联接。这种联轴器可以允许两轴间有较大的夹角（夹角 α 最大可达 35°~45°）。而且在机器运转时，夹角发生改变仍可正常传动。但当夹角过大时，传动效率会显著降低。见图 3-7。

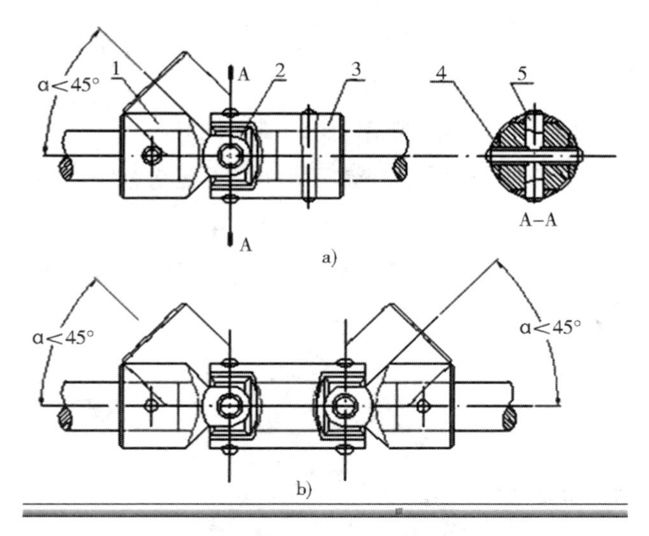

图 3–7　十字轴式万向联轴器

1、3- 叉形接头；2- 中间联接件；4、5- 轴销

2. 有弹性元件的挠性联轴器

这类联轴器因装有弹性元件，不仅可以补偿两轴间的相对位移，而且具有缓冲减振的能力。弹性元件所能储蓄的能量越多，则联轴器的缓冲能力越强。弹性元件的弹性滞后性能与弹性变形时零件间的摩擦功越大，则联轴器的减振能力越好。

制造弹性元件的材料有非金属和金属两种。非金属有橡胶、塑料等，其特点为质量小、价格便宜、有良好的弹性滞后性能，因而减振能力强。金属材料制成的弹性元件（主要为各种弹簧）则强度高、尺寸小且寿命较长。

联轴器在受到工作转矩 T，被联接两轴将因弹性元件的变形而产生相应的扭转角 ϕ。ϕ 与 T 成正比关系的弹性元件为定刚度，不成正比的为变刚度。非金属材料的弹性元件都是变刚度的，金属材料的则由其结构不同有变刚度的与定刚度的两种。常用非金属材料的刚度多随载荷的增大而增大，故缓冲性好，特别适用于工作载荷有较大变化的机器。

（1）膜片联轴器

膜片联轴器的典型结构，见图 3–8。其弹性元件为一定数量的较薄的多边环形（或圆环形）金属膜片叠合而成的膜片组。在膜片的圆周上有若干个螺栓孔，用铰制孔用螺栓交错间隔与半联轴器相联接。这样将弹性元件上的弧段分为交错受压缩和受拉伸的两部分。拉伸部分传递转矩，压缩部分趋向皱折。当机组存在轴向、径向和角位移时，金属膜片便产生波状变形。

图 3-8 是一种新型的膜片联轴器，中间体采用高强度合金材料和玻璃钢材料制造它有轻巧、免润滑、耐高低温、抗疲劳性强、超级绝缘的特点，专用于联结风力发电机组的齿轮箱和发电机。适用于高速、重载条件下调整传动装置轴系扭转振动特性，能补偿因震动、冲击引起的主从动轴径向、轴向和角向位移，可吸收轴系因外部负载的波动而产生的额外能量，并能不间断地传递扭矩和传动。

图 3-8　膜片联轴器

该联轴器具有扭矩限制功能。当机组发生短路或过载时，联轴器上的扭矩超过了设定扭矩，扭矩限制器便会产生分离。当过载情形消失后，可自动恢复连接，从而能够有效防止机械损坏，弥补昂贵的停机损失。

这种联轴器的结构比较简单，弹性元件的联接没有间隙、不需润滑、维护方便、容易平衡、质量小、对环境适应性强，但扭转弹性较低，缓冲减振性能差，主要用于载荷比较平稳的高速传动。

膜片联轴器的装配：膜片表面应光滑、平整并无裂纹等缺陷；半联轴器及中间轴应无裂纹、缩孔、气泡、夹渣等缺陷；膜片联轴器的允许偏差应符合随机文件的规定。

（2）轮胎式联轴器

轮胎式联轴器结构，见图 3-9。用橡胶或橡胶织物制成轮胎状的弹性元件 1，两端用压板 2 及螺钉 3 分别压在两个半联轴器 4 上。这种联轴器富有弹性，具有良好的消振能力，能有效地降低动载荷和补偿较大的轴向位移，而且绝缘性能好，运转时无噪声。其缺点是径向尺寸较大。当转矩较大时，会因过大扭转变形而产生附加轴向载荷。为了便于装配，有时将轮胎开出径向切口 5，但这时承载能力要显著降低。

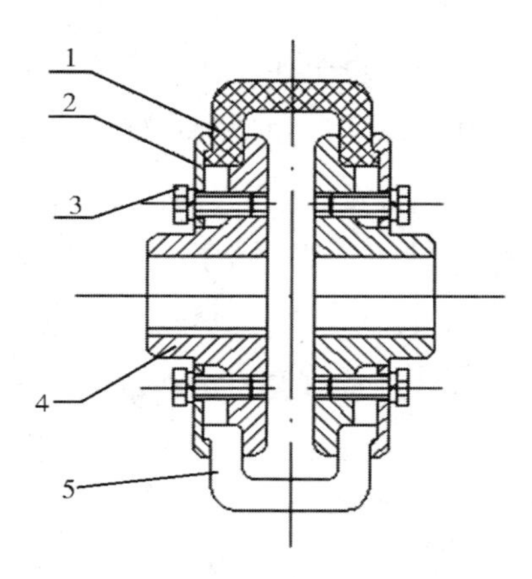

图 3-9　轮胎式联轴器

1- 弹性元件；2- 压板；3- 螺钉；4- 半联轴器；5- 径向切口

（3）弹性套柱销联轴器

这种联轴器的构造与凸缘联轴器相似，只是用套有弹性套的柱销代替了联接螺栓。力矩通过装有弹性套的钢质柱销和配合的销孔来传递。它不但能补偿各种类型的轴的安装偏差，而且能吸收偏差引起的振动和冲击。弹性套的材料常用耐油橡胶，做成截面形状，可以提高其弹性。半联轴器与轴的配合孔可做成圆柱形或圆锥形。见图 3-10。

图 3-10　弹性套柱销联轴器

半联轴器的材料常用《灰铸铁》HT200，有时也采用 35 号钢或《铸钢》ZG270—500。柱销材料多用 35 号钢。这种联轴器可按《弹性套柱销联轴器》GB/T4323 选用。

（4）连杆联轴器

连杆联轴器是一种柔性联轴器。每个连杆面由多个连杆组成，连杆两端分别连接被连接轴和中间体，可以补偿被连接轴的轴径向和交向误差。连杆联轴器有滑动保护套，滑动保护套通过过载时发生打滑起到保护发电机的作用，它用特殊的合金材料制成。滑动保护套的表面涂有不同涂层，使保护套与轴之间的摩擦力始终是保护套和轴套之间摩擦力的两倍。当过载时，保证滑动只会发生在保护套和轴套之间。当转矩回到额定值及以下时，保护套与轴套之间继续传递扭矩。见图 3-11 和图 3-12。

图 3-11　连杆联轴器

图 3-12　安装连杆联轴器

三、安装联轴器总成

1. 联轴器的安装方法

（1）联轴器的热装配。联轴节的热装配工作常用于大型电机、压缩机和轧钢机等重型设备的安装中，因为这类设备中的联轴节与轴通常是采用过盈配合联接在一起的。过盈联接件的装配方法有：压入装配、低温冷装配和热套装配等数种。在安装现场，则主要采用热套装配法。因为这种装配方法比较简单，能用于大直径（$D>1000$ mm 和过盈量较大）的机件。压入装配法多用于轻型和中型静配合，而且需要压力机等机械设备，故一般仅在制造厂采用。冷缩装配法一般用液氮等作为冷源，且需有一定的绝热容器，故也只能在有条件时才能使用。

（2）热套装配的基本原理。热套装配的本质原理是加热包容件（孔），使其直径膨胀一个配合过盈值，然后装入被包容件（轴）。待冷却后，机件便达到所需结合的强度。实际上，加热膨胀值必须比配合过盈值大，才能保证顺利安装而不致于在安装过程中因包容件的冷却收缩，出现轴与孔卡住的严重事故。同时，为了保证具有较大的啮合力—结合强度，热套装配的结合面要经过加工。但不要过分光洁，因为一定的表面粗糙度（一般为 $Ra3.2$），不受轴向移动而被压平。冷却以后，将使内外机件的结合强度较大，所能传递的扭距也较大。

（3）加热温度的确定。当工件材料确定后，包容件的最低加热温度取决于配合面的过盈量及所需装配间隙。装配间隙的大小直接影响装配时间，为防止包容件冷却收缩，必须限定装配时间。应当预留的装配间隙，一般允许偏差应符合随机技术文件的规定。无规定时，应符合《机械设备安装工程施工及验收通用规范》GB50231。

2. 安装高速端膜片联轴器

（1）调整膜片联轴器

主轴齿轮箱组件与发电机装配采用膜片联轴器连接。安装之前，需要先调整发电机与齿轮箱的同轴度。分为机械调中（百分表）和激光调中两种，主要介绍激光调中。

用激光对中仪按照技术要求进行发电机轴线与齿轮箱输出轴轴线的找正。主轴齿轮箱部件已经固定，只能调整发电机。高低方向调整发电机 4 个弹性支撑进行调整。左右方向通过弹性支撑上腰型孔来调整四个弹性支撑的位置，实现左右移动发电机。找正后，按照规定的力矩要求将发电机安装螺栓紧固。详细安装过程如下所示。

①吊装。安装发电机专用吊具。将双馈发电机吊起，使前端比后端高出规定角度。

②清理。按第一章清理零部件的要求，清理干净发电机相关零部件。

③固定发电机。用螺栓将发电机固定在底座的弹性支撑上，见图 3–13。

图 3–13 安装发电机

④安装调整工装。用螺栓将发电机底座的调中架工装安装在发电机的右侧、前端和后端，见图 3–14。

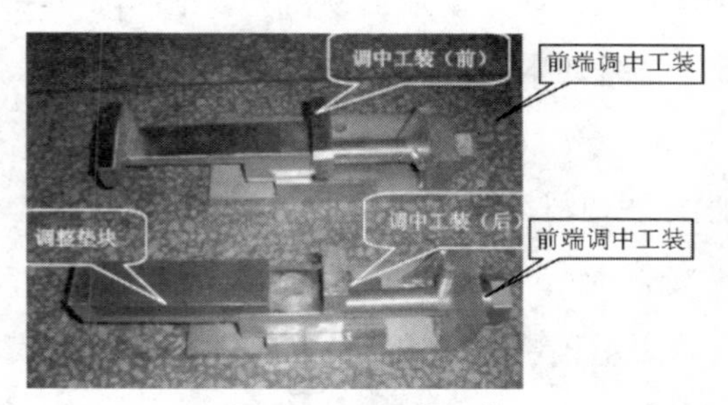

图 3–14 调中工装

⑤机械对中。用螺栓将发电机调中工装固定在发电机的轴头上，将磁力表座和百分表固定在发电机调中工装上，在高速刹车盘端面安装百分表 1 测量端面误差，在齿轮箱轴套法兰的圆周上安装百分表 2 测量圆周误差、圆周上下误差、圆周左右误差、端面上下误差，这些端面左右误差，误差要达到随机技术文件的规定值。见图 3–15 和图 3–16。

图 3-15 机械调中-安装百分表

图 3-16 机械调中

⑥激光对中。将激光对中仪的 MOVABLE 表座安装在发电机的输入轴端。将激光对中仪的 STATIONARY 表座安装在变速箱的输出轴端。连接好激光对中仪各部件。调整发电机，使激光对中仪的参数随机技术文件的规定值。见图 3-17 和图 3-18。

图 3-17 安装激光对中仪（一）

图 3-18 安装激光对中仪（二）

⑦固定。发电机和齿轮箱对中调整合格后，用螺栓将发电机固定在弹性支撑上。弹性支撑固定在底座上。螺栓按第一章介绍的内容进行紧固。

⑧后处理。拆下发电机调中全部工装。对发电机和底座上裸露金属面做防腐处理。

（2）安装膜片联轴器

在风力发电机组中，通常在主轴与齿轮箱低速轴连接处选用刚性联轴器。齿轮箱与发电机连接的高速端选用膜片联轴器。安装膜片联轴器的步骤如下所示。

①检验清理零部件。检查发电机键槽和发电机轴套法兰键槽。清理干净发电机轴头、轴套法兰、膜片联轴器和信号盘。见图 3-19 至图 3-21。

图 3-19　膜片

图 3-20　发电机轴套法兰

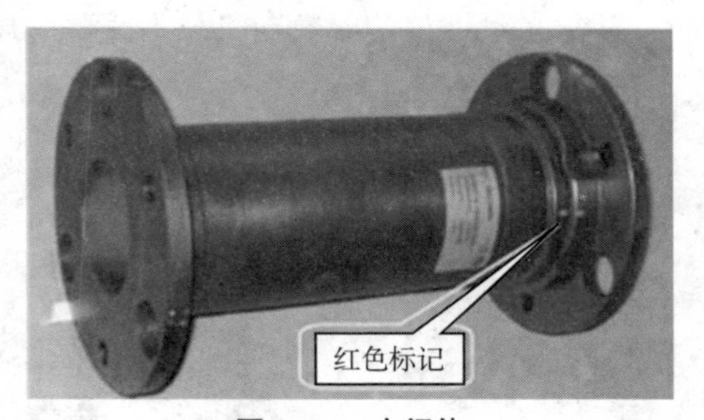

图 3-21　中间体

②安装轴套法兰。将信号盘套在发电机的轴上。加热轴套法兰到规定温度，将轴套法兰套入发电机轴，用卡尺测量发电机轴套法兰端面到齿轮箱轴套法兰端面的距离度，调整发电机轴套法兰的位置。

③安装联轴器总成。将膜片及联轴器中间体，按图 3-22 的位置安装。螺栓的螺纹端朝向中间体的方向（中间位置），旋紧螺母。中间体上的大小连接孔与两端的轴套法兰上大小孔错开安装。螺栓紧固按照第一章中介绍紧固要求紧固。**注意**，将中间体有力矩限制器（红色标记）的一端安装在发电机端。

图 3–22　安装发电机联轴器

④安装信号盘。用螺栓将发电机转速传感器信号盘固定在发电机轴套法兰上，螺栓的紧固力矩为随机技术文件规定值。

⑤按照随机技术文件的规定，紧固螺栓。检查螺栓联接必须使用经过校正的扭力扳手和液压扳手。如果被检查的螺栓数目少于实际数目，那么在这些检查过的螺栓上必须作标记，下次检查其他的螺栓。如果在检查的螺栓中有一个因松动而达不到指定扭矩，那么所有的螺栓都必须检查一遍。

⑥后处理。清理干净各零部件，做防腐和放松处理。

3. 安装低速端凸缘联轴器

（1）激光对中仪对中的基本原理

激光与普通光最大的区别在于其具有方向性和单色性。方向性是指激光从发生器射出后其光束不易发散，基本呈直线进行传播，到达接收器后能量损失较少。单色性是指发出的光波波长单一，易被接收器辨别，不受外界其他光干扰。

激光对中仪采用一定波长的半导体红色激光，其为双激光系统，即有两个既能发射激光又能接收激光的测量器，分别安装在联轴器的两个轴上，要求该两个测量器发出的激光能被另一个接收。当激光束落在接收器的采集面上时，就会形成一个照射区域。主机经过计算，可确定这个照射区域的能量中心点。当轴开始旋转后，各自的能量中心点也分别在对方接收器的采集面上发生位移。激光对中仪再通过这种位移量，可计算出所测设备的轴偏差和角偏差。

最基本的操作方式是时钟法。对中时，分别在 9 点、12 点、3 点三个位置测量取得 3 组数据，并向仪器内输入所对中设备的相关轴向数据。即可利用单表法原理计算出偏差及所需的调整量，而且激光束与轴可不平行。由于激光对中仪采用的是单表法的原理，又有很多辅助计算功能，故和单表法一样，适用于任何情况转动设备的对中，尤其对跨距大、有轴向窜动的大型机组更有优势。

激光对中仪的组成主要有以下六个部分：两个激光发射器 LD、两个光电接收器 PSD（目标靶）、两个内置电子倾角计、A/D 转换电路、显示单元、各种夹具和工具。其中，两组 LD、PSD、倾角计分别封装在固定在基准轴上的测量单元 S 和固定在调整轴上的测量单元 M 内。所有组件可装于一个手提箱内，结构简单、携带方便。

（2）安装低速端凸缘联轴器

①清理检验。将主轴和齿轮箱的联轴器安装面清理干净，检验合格。

②安装低速轴联轴器前法兰盘。用规定的螺栓和平垫圈将低速轴联轴器前法兰盘内圈固定在主轴上。螺栓的螺纹部分涂螺纹锁固胶，螺栓头与垫圈接触面涂固体润滑膏，螺栓紧固力矩值为规定力矩值。螺栓紧固顺序为“十”字对称紧固。见图 3-23。

图 3-23　安装前法兰盘

③安装低速轴联轴器后法兰盘。先用两个内螺纹圆柱销将法兰盘固定在齿轮箱安装面上，再用规定螺栓和平垫圈将低速轴联轴器后法兰盘内圈固定。将配套

的外套筒和套筒垫圈安装在法兰盘外圈安装孔内。再将螺栓紧固到额定力矩值。见图 3-24。

图 3-24　安装后法兰盘

④检测联轴器的同轴度。安装齿轮箱调中工装，将工装安装在齿轮箱支撑臂和底座之间，固定牢固。见图 3-25。安装激光对中仪，将光电接收器安装到主轴上，激光发射器安装在齿轮箱上。见图 3-26。

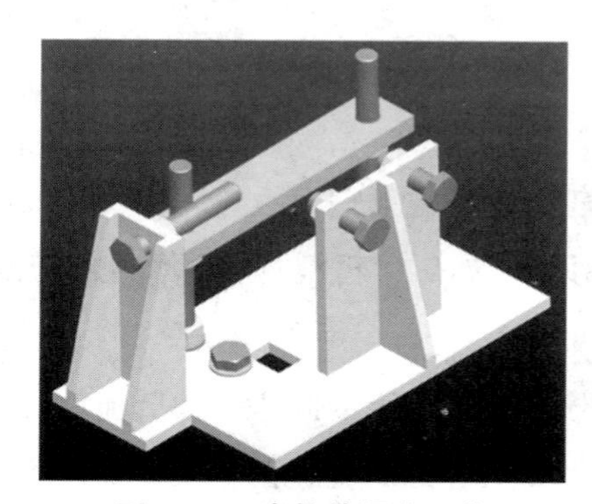

图 3-25　齿轮箱调中工装

图 3-26　安装齿轮箱调中工装

⑤低速联轴器调中。用齿轮箱调中工装和激光对中仪调整齿轮箱，保证齿轮箱和主轴的同轴度在规定值范围内。根据激光对中仪在 3 点和 9 点的读数来调整齿轮箱的前后位置。根据 12 点读数调整齿轮箱的上下位置。最后，确定齿轮箱弹性支撑调整垫圈厚度。将调整工装拆下，垫上调整垫。见图 3-27 至图 3-30。

图 3-27　9 点测量位置

图 3-28　12 点测量位置

图 3-29　3 点测量位置

图 3-30　联轴器安装视图

⑥确定调整垫的厚度。用高度尺测量齿轮箱支撑臂下平面距离底座安装面的高度 H，弹性支撑下部用齿轮箱预压后的高度 h。然后，再根据实际情况确定调整垫片的厚度。

⑦连接联轴器的固定螺栓。用规定的螺栓和平垫圈连接低速联轴器前后法兰盘。螺栓紧固顺序为十字对称紧固，将其紧固到额定力矩值。在螺纹和螺栓头与垫圈的接触面涂固体润滑膏。

⑧根据随机技术文件的规定，紧固螺栓。检查螺栓连接必须使用经过校正的扭力扳手和液压扳手。如果被检查的螺栓数目少于实际数目，那么在这些检查过的螺栓上必须作标记，下次再检查其他的螺栓。如果在检查的螺栓中有一个因松动而达不到指定扭矩，那么所有的螺栓都必须检查一遍。

第二节　制动器的安装和调整

一、制动系统的概述

风力发电机组是一种重型设备，工作在极其恶劣的条件下，因此对其安全性有极高的要求。除风力变化的不可预测性外，机件常年重载工作随时都存在损坏的可能性。在这些情况下，风力发电机组必须能够紧急停车，避免对风力发电机组造成损害或使故障扩大。在进行正常维修时，也要能进行停机检修。风力发电机组必须设计有制动系统，以实现对风力发电机组的保护。

制动系统是一种具有制止运动作用功能的零部件的总称。风力发电机组的制动系统应符合《风力发电机组安全要求》GB/T 18451.1 相关条款的规定。风力发电机组制动系统应设计为独立的机构，当风力发电机组及零部件出现故障时，制动系统能独立地进行工作。

本节主要介绍水平轴风力发电机的主轴制动系统。一般制动系统由空气制动机构和机械制动机构两部分组成。这种制动系统安全性较高，动作灵活简单。

风机制动系统是由空气制动机构和机械制动机构组成。见图 3-31。

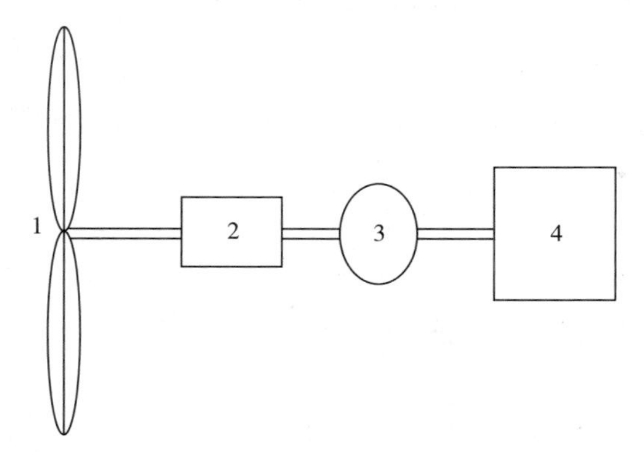

1- 空气制动机构；2- 齿轮箱；3- 机械制动机构；4- 发电机

图 3-31　制动系统组成及安装位置图

风力发电机机械制动器，以下简称风电制动器，是风力发电机的重要组成部分之一。它主要用来保证风力发电机的安全停机，或在紧急情况下非正常停机。

因为空气动力制动不能使风机停车，所以每台风力发电机必须配备机械制动系统。机械制动器在风力发电机上普遍采用钳盘式制动器。

制动顺序为先投入空气制动闸将叶轮转速降低，再打开低速轴闸，最后投入高速闸。各闸体的时限由延时继电器控制。这套制动系统从受力分析及经济性能方面而言，是比较优秀的制动系统。

制动系统的主要功能是，在风速过大、外界环境改变或风电机组出现故障时对风电机组实施停机制动。

对于不同的制动工况，停机方案也不同。风力发电机的制动工况主要有正常停机、安全停机和紧急停机。

正常停机是指，风电机组的外界环境改变或检修时的正常停机。制动过程分两步完成，首先空气制动机构启动，叶轮转速降低。当转速下降至一定值时，投入机械制动机构，这时空气制动机构仍能保持制动状态，直到风电机组完全停机。

安全停机和紧急停机一般是指，风速大于额定风速或风电机组出现故障时，为保证发电质量和风电机组的安全进行停机。在制动过程中，空气制动机构和机械制动机构同时投入，以最短的时间使风电机组停机。

制动系统是风力发电机组的重要组成部分。风电场中的风力发电机组一般是分散分布的，要求在控制上达到无人值守和远程监控。当风电机组出现故障或风速大于额定风速时，需要由控制系统下达停机指令。为了风力发电机组的安全保护，并满足机组开停机工作的需要，逻辑上制动系统的重要性应该高于其他系统。

二、风力发电机组的制动形式

（1）对于定桨距风力发电机组，制动系统可以采用传动系统中的低速轴机械制动联合高速轴机械制动或叶尖制动联合传动系统中的低速轴机械制动。实践证明，叶尖制动联合传动系统中的高速轴机械制动形式比较好。

（2）对于变桨距风力发电机组，制动系统采用顺桨制动联合传动系统中的高速轴机械制动；顺桨制动联合传动系统中的低速轴机械制动。实践证明，顺桨制动联合传动系统中的高速轴机械制动形式最好，优先推荐采用。

（3）风力发电机组制动系统的组成形式，应符合下列组成原则。

①按正常工作方式下的投入顺序，分为一级制动、二级制动等。对应以上要求，制动系统至少应设计有一级制动装置和二级制动装置。

空气动力制动（叶尖制动或顺桨制动）联合机械制动的制动系统，空气动力制动装置应作为风力发电机组的一级制动装置，机械制动装置作为二级制动装置。

低速轴机械制动联合高速轴机械制动的制动系统，低速轴机械制动装置应作为一级制动装置，高速轴机械制动装置作为二级制动装置。

②各级制动装置既可独立工作，又可在切入时间或切入速度上协调动作。

③至少应有其中的某一级为具有失效保护功能的机械制动装置。

④属于同一级的应既可独立工作，又要在切入时间或切入速度上协调动作。

⑤除制动装置外，在适当位置应设有风轮的锁定装置。

三、制动器的概述

1. 主轴制动器

风力发电机组的主轴分为高速轴与低速轴，在风力发电机组需要制动时起关键作用。

制动器俗称刹车或闸，是使机械中的运动部件停止或减速的机械零件。制动器的工作原理是，利用与机架相连的非旋转元件和与传动轴相连的旋转元件之间的相互摩擦，来阻止轮轴的转动或转动的趋势。

在风力发电机组中，机械制动钳盘式制动闸通常设置在高速轴或低速轴上。低速轴安装在齿轮箱前面的主轴上。

设置在低速轴上有以下优缺点：制动力矩较大，停机制动相对更可靠，而且制动过程中产生的制动载荷不会作用在齿轮箱上。但同时它也存在不足，所需制动力矩大，且对闸体材料要求较高。高速轴闸安装在齿轮箱后面，发电机前面的传动轴上。

高速轴机械制动有以下优缺点：因为制动力矩与齿轮箱的传动比有关系，制动力矩较小。但同时它也存在弊端，在高速轴设置制动对齿轮箱有较大的危害，风轮叶片在制动时的不连贯停顿会产生动态载荷，使齿轮箱内齿与齿来回碰撞，导致齿牙长期受弯曲应力，使齿轮箱过载。这是影响风机性能的一个重要原因。大中型风力发电机组的机械的制动机构一般为高速轴机械制动。

高速轴制动器：风力发电机的高速轴为齿轮箱的输出轴，此处转动力矩较低速轴小几十倍。高速轴制动器的体积比较小。制动盘安装在高速轴上，制动钳安装在齿轮箱体的安装面上，用高强度螺栓固定。

低速轴制动器：大型风机一般采用变桨距系统，不必在低速轴上使用制动器。定桨距风机则必须在低速轴上使用制动器。由于风力发电机的低速轴转矩非常大，所以制动盘的直径也比较大。有安装在主轴上的，也有将制动盘制成与联轴器一体的。制动钳一般至少使用两个，直接安装在风机底盘的支架上。

2. 偏航制动器

偏航制动器制动盘是以塔架上的法兰盘作为制动盘，由于风力发电机的机舱和风轮总共有几十吨，所以转动起来转动惯量很大。为保证可靠制动，一台风力发电机上至少需要八个偏航制动钳。除制动功能外，还要有阻尼功能以使偏航稳定。制动钳安装在底盘的安装支架上，用高强度螺栓固定。见图 3-32。

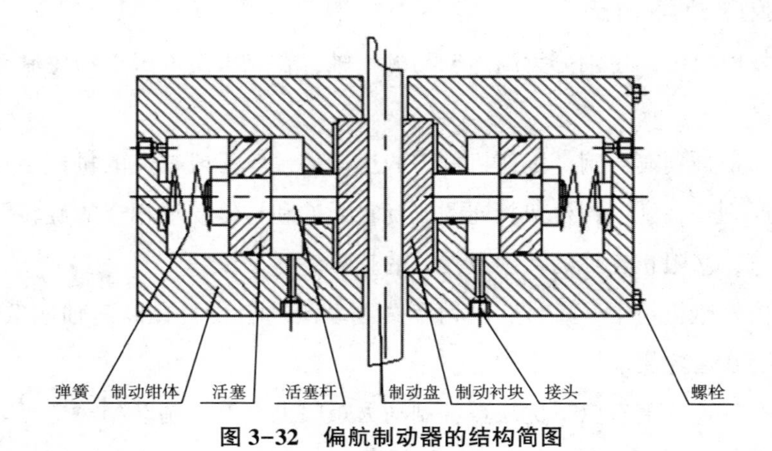

图 3-32　偏航制动器的结构简图

采用齿轮驱动的偏航系统时，为避免振荡的风向变化，引起偏航轮齿产生交变负荷，应采用偏航制动器（或称偏航阻尼器）来吸收微小自由偏转振荡，防止偏航齿轮的交变应力引起轮齿过早损伤。

风力发电机机械制动系统由制动盘和制动夹钳组成。制动盘固定安装在齿轮箱高速轴上，随高速轴一起旋转。制动夹钳固定安装在齿轮箱箱体上。在制动过程中，制动夹钳在液压压力或弹簧力的作用下，夹紧制动盘，直至其停止转动。

3. 制动器的结构形式

机械制动在工作中是一种减慢旋转负载的制动装置。通常使用的机械制动器的分类如下。根据作用方式，可以将机械制动分为气功、液压、电液、电磁和手动等形式。按工作状态，制动器又可分为常闭式和常开式。常开式制动器只有在施加外力时才能改变其松闸状态，使其紧闸。与此相反，常闭式制动器靠弹簧力的作用经常处于紧闸状态。它在运行时，需要再施加外力才能使制动器松闸。为保证安全制动，风机机组一般选常闭式制动器。摩擦式制动器按其摩擦副的几何形状可分为鼓式、盘式和带式。其中，以鼓式、盘式制动器应用最广泛。

钳盘式制动器又称为碟式制动器，是因为其形状而得名。它由液压控制，主要零部件有制动盘、油缸、制动钳、油管等。制动盘用合金钢制造并固定在轮轴上，随轮轴转动。油缸固定在制动器的底板上固定不动。制动钳上的两个摩擦片分别装在制动盘的两侧。油缸的活塞受油管输送来的液压作用，推动摩擦片压向制动盘发生摩擦制动。它动作起来就像用钳子钳住旋转中的盘子，迫使它停下来一样。

钳盘式制动器摩擦副中的旋转元件是以端面工作的金属圆盘，称为制动盘。工作面积不大的摩擦块与其金属背板组成的制动块，每个制动器中有 2~4 个。这些制动块及其驱动装置都装在横跨制动盘两侧的夹钳形支架中，总称为制动钳。这种由制动盘和制动钳组成的制动器称为钳盘式制动器。

钳盘式制动器的释放是制动器的制动覆面脱离制动轮表面，解除制动力矩的过程。常闭型钳盘式制动器的加载是靠弹簧力，是用调整弹簧压力来调整制动力的大小。驱动油缸的工作行程，是在制动器释放过程中柱塞移动的距离。

根据结构形式的不同，常用的盘式制动器有全盘式、锥盘式和钳盘式三种。其中，钳盘式在风机机组中应用得最为普遍。

钳盘式制动器的结构组成，是由安装在高速轴或低速轴上的制动盘与布置在四周的制动卡钳所组成。制动盘随轴一起转动，而制动夹钳固定。有一个预压的弹簧制动力作用在制动夹钳上，通过油缸提供的液压力推动活塞将制动夹钳打开。

四、安装高速制动器

1. 安装高速刹车盘

在安装前，先检查高速刹车盘（制动盘）的集合尺寸、表面粗超度，以及清洁度等是否满足技术要求。检查盘面跳动应符合要求。将清理干净的高速刹车盘，套在齿轮箱的高速轴上。将轴套法兰均匀加热到工艺规定的温度，再将法兰套在主轴上，用专用工装固定。等轴头法兰冷却到室温后，拆下固定工装。见图 3-33。用螺栓将轴套法兰固定在齿箱高速轴上。按规定力矩值紧固螺栓。见图 3-34。

图 3-33　安装高速刹车盘和轴头法兰

图 3-34　测量平面度

调整与紧固高速刹车盘。将百分表指针靠在高速刹车盘的圆周上，保证高速刹车盘的平面度小于等于随机技术文件的规定值。如不符合规定值，在高速刹车盘和轴头法兰端面之间加调整垫调整。见图 3-35。螺栓紧固力矩值为随机技术文件规定值。分三次对其进行紧固，初拧、复拧和终拧要在同一天内完成。

图 3-35　安装刹车片

2. 高速制动器一般安装在齿轮箱输出轴上，装配方法如下所示。

（1）安装高速制动器的技术要求，要符合随机文件的规定。安装刹车片。将刹车片用螺栓固定在高速制动器上。

（2）安装。用专用吊具吊装高速制动器。调整高速制动器的位置，用调整垫调整两侧间隙均匀，用塞尺测量间隙。见图 3-36 和图 3-37。

（3）后处理。在高速制动器固定块的裸露金属面刷防锈油。

图 3-36　吊装高速制动器

图 3-37　安装高速制动器

五、安装偏航制动器

偏航制动器一般采用液压拖动的钳盘式制动器，安装方法如下。

（1）偏航制动器是偏航系统中的重要部件，制动器应在额定负载下，制动力矩稳定，其值不小于设计值。在机组偏航过程中，制动器提供的阻尼力矩应保持平稳，与设计值的偏差小于5%，制动过程不得有异常噪声。制动器在额定负载下闭合时，制动衬垫和制动盘的贴合面积应不小于设计面积的50%。制动衬垫周边与制动钳体的配合间隙任一处应不大于0.5 mm。制动器应设有自动补偿机构，以便在制动衬块磨损时进行自动补偿，保证制动力矩和偏航阻尼力矩的稳定。在偏航系统中，制动器可以采用常闭式和常开式两种结构形式。常闭式制动器是在有动力的条件下处于松开状态，常开式制动器则是处于锁紧状态。两种形式相比较并考虑失效保护，一般采用常闭式制动器。

（2）制动盘通常位于塔架或塔架与机舱的适配器上，一般为环状。制动盘的材质应具有足够的强度和韧性，如果采用焊接连接，材质还应具有比较好的可焊性。此外，在机组寿命期内，制动盘不应出现疲劳损坏。制动盘的连接、固定必须可靠牢固，表面粗糙度应达到 $Ra3.2$。

（3）制动钳由制动钳体和制动衬块组成。制动钳体一般采用高强度螺栓连接，并用经过计算的足够的力矩固定于机舱的机架上。制动衬块应由专用的摩擦材料制成，一般推荐用铜基或铁基粉末冶金材料制成。铜基粉末冶金材料多用于湿式制动器，而铁基粉末冶金材料多用于干式制动器。一般每台风机的偏航制动器都备有两个可以更换的制动衬块。

（4）偏航系统的主要作用有两个。其一，与风力发电机组的控制系统相互配合，使风力发电机组的风轮始终处于迎风状态。充分利用风能，提高风力发电机组的发电效率。其二，提供必要的锁紧力矩，以保障风力发电机组的安全运行。偏航制动器安装在底座上，偏航制动器的安装结构，见图3-38。在底座与制动器之间加调整垫，来保证制动器的上下刹车片距离上车盘距离相等。用塞尺测量间距。安装方法如下所示。

①清理。清理底座上偏航制动器的安装面和螺纹孔。

②安装。将偏航制动器按上闸体、中间垫块、下闸体依次安装，先用规定螺栓预紧。加偏航刹车调整垫片调整间隙，间隙要符合制动器厂家的随机文件的技术要求。用塞尺测量间隙。偏航刹车上下闸体必须按编号成对安装，注意调整垫片要加在下闸体与底座之间。见图 3-39。

③固定。将偏航制动器间隙调整合格后，按力矩要求紧固固定螺栓。在螺栓的螺纹旋合面和螺栓头部与垫圈接触面涂固体润滑膏，再得螺栓对称紧固。

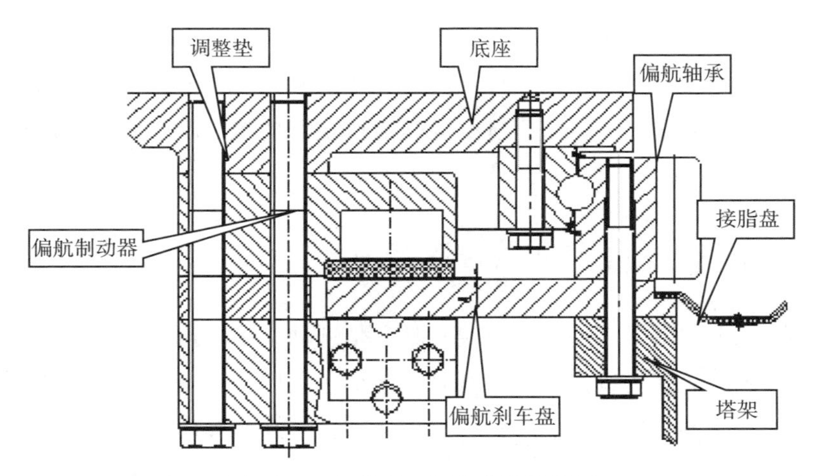

图 3-38　偏航制动器的安装结构图

图 3-39　测量刹车间隙

第三节　风力发电机液压系统

风力发电机的液压系统属于风力发电机的一种动力系统，它的主要功能是为变桨控制装置、安全桨距控制装置、偏航驱动和制动装置、停机制动装置提供液压驱动力。风机液压系统是一个公共服务系统，它为风力发电机上一切使用液压作为驱动力装置提供动力。在定桨距风力发电机组中，液压系统的主要任务是驱动风力发电机组的气动刹车和机械刹车。在变桨距风力发电机组中，液压系统主要控制变距机构，实现风力发电机组的转速控制、功率控制，同时也制控机械和刹车机构。

一、定桨距风力发电机组的液压系统

定桨距风力发电机组的液压系统实际上是制动系统的执行机构，主要用来执行风力发电机组的开关机指令。通常它由两个压力保持回路组成，一路通过蓄能器供给叶尖扰流器，另一路通过蓄能器供给机械的刹车机构。这两个回路的工作任务是使机组运行时制动机构始终保持压力。当需要停机时，两回路中的常开电磁阀先后失电，叶尖扰流器一路压力油被泄回油箱，叶尖动作。稍后，机械刹车一路压力油进入刹车油缸，驱动刹车夹钳，使叶轮停止转动。在两个回路中，各装有两个压力传感器，以指示系统压力，控制液压泵站补油和确定刹车机构的工作状态。

某种定桨距风力发电机组的液压系统，见图 3-40。由于偏航机构也引入了液压回路，它由三个压力保持回路组成。图左侧是气动刹车压力保持回路，压力油经油泵 2、经滤油器 4 进入系统。溢流阀 6 用来限制系统的最高压力。开机时，电磁阀 12-1 接通，压力油经单向阀 7-2 进入蓄能器 8-2，并通过单向阀 7-3 和旋转接头进入气动刹车油缸。压力开关由蓄能器的压力控制。当蓄能器压力达到设定值时，开关动作，电磁阀 12-1 关闭。运行时，回路压力主要由蓄能器保持，通过液压油缸上的钢索拉住叶尖扰流器，使之与叶片主体紧密结合。

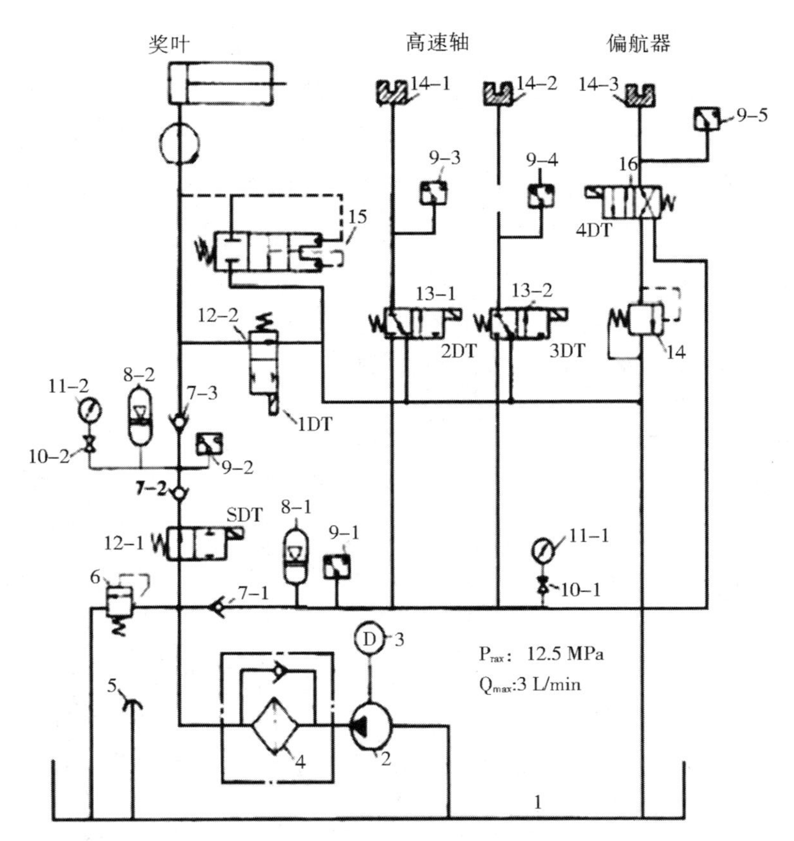

1- 油箱；2- 液压泵；3- 电动机；4- 精滤油器；5- 油位指示器；6- 溢流阀；7- 单向阀；8- 蓄能器；9- 压力开关；10- 节流阀；11- 压力表；12- 电磁阀（1）；13- 电磁阀（2）；14- 制动夹钳；15- 突开阀；16- 电磁阀（3）

图 3-40　某种定桨距风力发电机组的液压系统

电磁阀 12-2 为停机阀，用来释放气动刹车油缸的液压油，使叶尖扰流器在离心力作用下滑出。突开阀 15，用于超速保护。当叶轮飞车时，离心力增大，通过活塞的作用，使回路内压力升高。当压力达到一定值时，突开阀开启，压力油泄回油箱。突开阀不受控制系统的指令控制，是独立的安全保护装置。

图中间是两个独立的高速轴制动器回路，通过电磁阀 13-1、13-2 分别控制制动器中压力油的进出，从而控制制动器动作。工作压力由蓄能器 8-1 保持。压力开关 9-1 根据蓄能器的压力控制液压泵电动机的停、起。压力开关 9-3、9-4

用来指示制动器的工作状态。

右侧为偏航系统回路，偏航系统有两个工作压力，分别提供偏航时的阻尼和偏航结束时的制动力。工作压力仍由蓄能器 8-1 保持。由于机舱有很大的惯性，调向过程必须确保系统的稳定性，此时偏航制动器用作阻尼器。工作时，4DT 得电，电磁阀 16 左侧接通。回路压力由溢流阀保持，以提供调向系统足够的阻尼；调向结束时，4DT 失电，电磁阀右侧接通，制动压力由蓄能器直接提供。

二、变桨距风力发电机组的液压系统

变桨距风力发电机组的液压系统与定桨距风力发电机组的液压系统很相似，也由两个压力保持回路组成。一路由蓄能器通过电液比例阀供给叶片变桨距油缸，另一路由蓄能器供给高速轴上的机械刹车机构。某种定桨距型风力发电机组液压系统，见图 3-41。

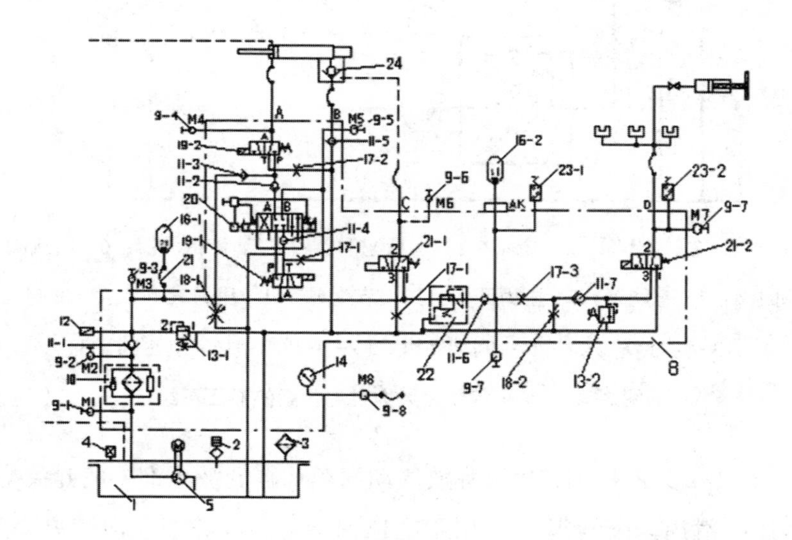

1- 油箱；2- 油位开关；3- 空气滤清器；4- 温度传感器；5- 液压泵；6- 联轴器；7- 电动机；8- 主模块；9- 压力测试口；10- 滤清器；11- 单向阀；12- 压力传感器；13- 溢流阀；14- 压力表；15- 压力表接口；16- 蓄能器；17- 节流阀；18- 可调节流阀；19- 电磁阀；20- 比例阀；21- 电磁阀；22- 减压阀；23- 压力开关；24- 先导止回阀

图 3-41　某种定桨距风力发电机组的液压系统

1. 液压泵站

液压泵站的动力源是齿轮泵 5，为变距回路和制动器回路所共用。液压泵安装在油箱油面以下并通过联轴器 6，由油箱上部的电动机驱动。泵的流量变化根据负载而定。液压泵由压力传感器 12 的信号控制。当泵停止时，系统由蓄能器 16 保持压力。系统的工作压力设定范围为 130～145 bar。当压力降至 130 bar 以下时，泵起动；在 145 bar 时，泵停止。在运行、暂停和停止状态，泵根据压力传感器的信号自动工作。在紧急停机状态，泵将被迅速断路而关闭。

压力油从泵通过高压滤油器 10 和单向阀 11-1 传送到蓄能器 16。滤油器上装有旁通阀和污染指示器，它在旁通阀打开前起作用。阀 11-1 在泵停止时阻止回流。紧跟在滤油器外面，先后有两个压力表连接器（M1 和 M2），它们用于测量泵的压力或滤油器两端的压力降。测量时，将各测量点的连接器通过软管与连接器 M8 上的压力表 14 接通。溢流阀 13-1 是防止泵在系统压力超过 145 bar 时继续泵油进入系统的安全阀。在蓄能器 16 因外部加热情况下，溢流阀 13-1 会限制气压及油压升高。

节油箱上装有油位开关 2，以防油溢出或泵在无油情况下运转。流阀 18-1 用于抑制蓄能器预压力并在系统维修时，释放来自蓄能器 16-1 的压力油。

油箱内的油温由装在油池内的 PT100 传感器测得，出线盒装在油箱上部。油温过高时会导致报警，以免在高温下泵的磨损，延长密封的使用寿命。

2. 变桨控制

液压变桨距控制机构属于电液伺服系统，变桨距液压执行机构是桨叶通过机械连杆机构与液压缸相连接，节距角的变化同液压缸位移基本成正比。

变桨控制系统的节距控制是通过比例阀来实现的。在图 3-42 中，控制器根据功率或转速信号给出一个（-10～+10）V 的控制电压，通过比例阀控制器将其转换成一定范围的电流信号，控制比例阀输出流量的方向和大小。点划线内是带控制放大器的比例阀，设有内部 LVDT 反馈。变距油缸按比例阀输出的方向和流量操纵叶片节距在-5°～88°之间运动。为了提高整个变距系统的动态性能，在变距油缸上也设有 LVDT 位置传感器。

在比例阀至油箱的回路上装有 1 bar 单向阀 11-4。该单向阀确保比例阀 T-口上总是保持 1 bar 压力，避免比例阀阻尼室内的阻尼“消失”导致该阀不稳定而产生振动。

比例阀上的红色 LED（发光二极管）指示 LVDT 故障，LVDT 输出信号是比例阀上滑阀位置的测量值，控制电压和 LVDT 信号相互间的关系。如图 3-42。

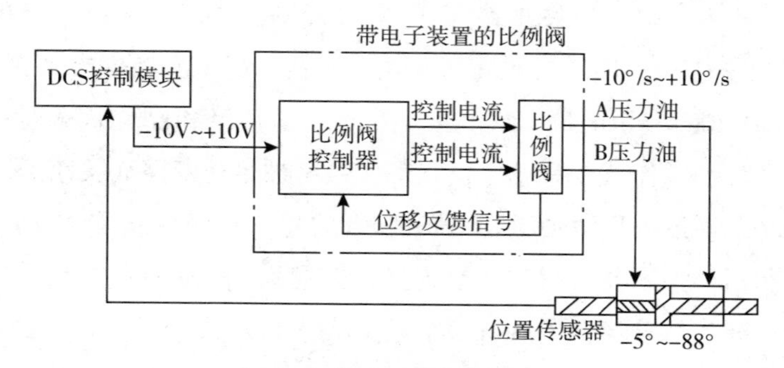

图 3-42　桨距控制示意图

3. 运转缓停工况

电磁阀 19-1 和 19-2（紧急顺桨阀）通电后，使比例阀上的 P 口得到来自泵和蓄能器 16-1 压力。节距油缸的左端（前端）与比例阀的 A 口相连。

电磁阀 21-1 通电后，从而使先导管路（虚线）增加压力。先导止回阀 24 装在变距油缸后端，靠先导压力打开以允许活塞双向自由流动。

把比例阀 20 通电到“直接”（P-A，B-T）时，压力油即通过单向阀 11-2 和电磁阀 19-2 传送 P-A 到缸筒的前端。活塞向右移动，相应的叶片节距向-5°方向调节。油从油缸右端（后端）通过先导止回阀 24 和比例阀（B 口至 T 口）回流到油箱。

把比例阀通电到“跨接”（P-B，A-T）时，压力油通过止回阀传送 P-B 进入油缸后端。活塞向左移动，相应的叶片节距向+88°方向调节，油从油缸左端（前端）通过电磁阀 19-2 和单向阀 11-3 回流到压力管路。由于右端活塞面积大于左端活塞面积，使活塞右端压力高于左端的压力，从而能使活塞向前移动。

4. 停机/紧急停机工况

停机指令发出后，电磁阀 19-1 和 19-2 断电，油从蓄能器 16-1 通过阀 19-1 和节流阀 17-1 及阀 24 传送到油缸后端。缸筒的前端通过阀 19-2 和节流阀 17-2 排放到油箱，叶片变距到+88°机械端点而不受来自比例阀的影响。

电磁阀 21-1 断电时，先导管路压力油排放到油箱。先导止回阀 24 不再保持在双向打开位置，但仍然保持止回阀的作用，只允许压力油流进缸筒。从而使来自风的变桨力不能从油缸左端方向移动活塞，避免向-5°的方向调节叶片节距。

在停机状态，液压泵继续自动停/起运转。顺桨由部分来自蓄能器16-1，部分直接来自泵5的压力油来完成。在紧急停机位时，泵很快断开，顺桨只由来自蓄能器16-1的压力油来完成。为了防止在紧急停机时，蓄能器内油量不够变距油缸一个行程，紧急顺桨将由来自风的自变浆力完成。油缸右端将由两部分液压油来填补：一部分来油缸左端通过电磁阀19-2、节流阀17-2、单向阀11-5和24的重复循环油；另一部分油来自油箱通过吸油管路及单向阀11-5和24。

紧急顺桨的速度由两个节流阀17-1和17-2控制并限制到约9°/s。

5. 制动机构

制动系统由泵系统通过减压阀22供给压力源。蓄能器16-2是确保能在蓄能器16-1或泵没有压力的情况下也能工作。可调节流阀18-2用于抑制蓄能器16-2的预充压力或在维修制动系统时，用于来自释放的油。

压力开关23-1是常闭的，当蓄能器16-2上的压力降低于15bar时会打开报警。压力开关23-2用于检查制动压力上升，包括在制动器动作时。

溢流阀13-2防止制动系统在减压阀22误动作或在蓄能器16-2受外部加热时，压力过高（23 bar）。过高的压力即过高的制动转矩，会对传动系统造成严重损坏。

液压系统在制动器一侧装有球阀，以便螺杆活塞泵在液压系统不能加压时，用于制动风力发电机组。打开球阀、旋上活塞泵，制动卡钳将被加压，单向阀17-7阻止回流油向蓄能器16-2方向流动。要防止在电磁阀21-2通电时加压，这时制动系统的压力油经电磁阀排回油箱，加不上来自螺杆活塞泵的压力。在任何一次使用螺杆泵以后，球阀必须关闭。

（1）运行/暂停/停机。开机指令发出后，电磁阀21-2通电，制动卡钳排油到油箱，刹车因此而被释放。暂停期间保持运行时的状态。停机指令发出后，电磁阀21-2失电，来自蓄能器16-2的和减压阀22压力油可通过电磁阀21-2的3口进入制动器油缸，实现停机时的制动。

（2）紧急停机。电磁阀21-2失电，蓄能器16-2将压力油通过电磁阀21-2进入制动卡钳油缸。制动油缸的速度由节流阀17-4控制。

三、液压系统的技术要求

1. 风力发电机液压系统的基本组成

风力发电机液压系统由液压件厂根据风力发电机总装厂的订货要求设计生产。其供货组件有液压泵站（包括油箱、油泵、变桨控制块、安全桨距控制块、一些标准液压控制阀）、蓄能器、油缸、控制箱等。这些液压零部件在风力发电机总装厂进行总装时，安装在各自规定的位置，然后进行配管作业，用液压管路把它们连接起来组成系统。变桨控制块和安全桨距控制块是液压件厂根据风力发电机组液压系统的特点，专门为风力发电机液压系统设计制造的液压控制器件。变桨控制块和安全桨距控制块上集成了多个不同种类的液压控制阀和联通管路，油路联通是采用油路块实现的，各种液压阀安装在油路块上。因此它具有体积小、占地面积小、可靠性高、对外连接管路少、现场安装工作量少的优点。目前，专用机械设备的液压系统普遍采用控制模块集成的方式。

风力发电机组液压系统的液压泵站是以一个部件来供货的，液压控制模块一般安装在液压泵站的顶部，由液压管路将受控的油流输送到执行部件变桨距液压缸、钳盘式制动器的柱塞等。

2. 风力发电机组液压系统的技术要求

（1）工作温度

①液压系统的工作油温度范围应满足元件和油液的使用要求。

②为保证正常的工作温度，应根据使用条件设置热交换装置或提高油箱自身热交换能力。将其温度控制在规定要求范围内。一般情况下，液压泵的吸入口油温不得超过 60 ℃，在规定的最低温度时，系统应能正常工作。

（2）管路流速与噪声

系统金属管路的油液流速推荐值见表 3. 1。

表 3. 1　系统金属管路的油液流速推荐值

管路类型	吸管路	压油管路	回油管路	泄油管路
管路代号	S	P	0	L

续表

管路类型	吸管路	压油管路				回油管路	泄油管路
压力/MPa	—	2.5	2.5~6.3	6.3~16	16~31.5	—	—
允许流速（m/s）	0.5~2	2.5~3	3~4	4~5	5~6	1.5~3	1

3. 液压油

（1）液压油的基本要求 。对于所选用的液压油，设计系统时应考虑系统中规定使用液压油的品种、特性参数与下列物质的相适应性。

①系统中与液压油相接触的金属材料、密封件和非金属材料。

②保护性涂层材料以及其他会与系统发生关系的液体等，如油漆、处理液、防锈漆和维修油液。

③与溢出或泄漏的液压油相接触的材料，如电缆、电线等。

（2）油液使用过程中的注意事项

系统中液压油的使用应符合《润清剂、工业用油和有关产品的分类》GB/T7631.2的规定和有关油品专业厂家的规定，且需要考虑温度，压力使用范围及其特殊性。

①在系统规定的油液温度范围内，所选用的油液的黏度范围应符合元件的使用条件。

②不同类型液压油不应互相调和，不同制造商的相同牌号液压油，也不能混合使用。若要混合使用时，应进行小样混合试验，检查是否有物理变化和化学变化。必要时与油品制造厂协商认定。

③在使用过程中，应对液压油理化性能指标（如黏度、酸值、水分等）和清洁度进行定期检验，确定液压油是否可继续使用。如不符合质量要求时，应全部更换。一般三个月检查一次，最长不能超过六个月。

④液压油的供应商应向使用者提供：使用液压油时的人员劳动卫生要求、使用及操作说明、失火时产生的毒气和窒息的危险及废液处理问题等方面的资料。

4. 液压泵装置要求

（1）液压泵与原动机之间的联轴器的形式及安装应符合制造商的规定。

（2）外露的旋转轴和联轴器应有防护罩。

（3）液压泵与原动机的安装底座应具有足够的刚性，以保证运转时始终同轴。

（4）液压泵的进油管路应短而直，避免拐弯增多、端面突变。在规定的油液黏度范围内，应使泵的进油压力和其他条件符合泵制造厂的规定。

（5）液压泵进油管路密封应可靠，不得吸入空气。

（6）高压、大流量的液压泵制造宜采用：泵的进油口设置橡胶弹性补偿接管，泵的出油口连接高压软管，泵装置底座设置弹性减震垫。

5. 其他辅件的要求

（1）热交换器

系统应根据使用要求设置加热器和冷却器，且符合下列基本要求。

①加热器的表面耗散功率不得超过 1.7 W/cm^2。

②安装在油箱上的加热器的位置应低于油箱低极限液面位置。

③使用热交换器时，应有液压油和冷却（或加热）介质的测温点。

④使用热交换器时，可采用自动控温装置，以保持液压油的温度在正常温度范围内。

⑤用户应使用制造商规定的冷却介质或水。如水源很不卫生、水质有腐蚀性、水量不足，应及时告知制造商。

⑥采用空气冷却器时，要防止进排气通路被遮蔽或堵塞。

（2）滤油器

①为了消除液压油中的有害杂质，系统应装有滤油器。滤油器的过滤精度应符合元件及系统的使用要求。

②在滤油器需要清洗和更换滤芯时，系统应有明确指示。

③在用户特别提出系统不停车而能更换滤芯时，应满足用户要求。

④液压泵的进油口根据使用要求可设置吸油滤油器，最好使用网式旁通型。吸油滤油器的容量选择与安装泵进口压力应符合泵制造厂的规定。

⑤如使用磁性滤油器，在维护和使用中，应防止吸附的杂质掉落在油液中。

⑥使用滤油器时，其额定流量不得小于实际的过滤油液的流量。

⑦对连续工作的大型液压泵站，适合采用独立的冷却循环过滤系统。器的容量选择与安装泵进口压力应符合泵制造厂的规定。

（3）蓄能器

①蓄能器的回路中应设置释放及切断蓄能器的液体元件，供充气、检修或长时间停机使用。

②蓄能器做液压油源时，它与液压泵之间应装设单向阀，以防止泵停止工作时，蓄能器中压力油倒流使泵产生反向运转。

③蓄能器的排放速率应与系统使用要求相符，不得超过制造商的规定。

④蓄能器的安装位置应远离热源。

⑤蓄能器在泄压前不得拆卸，禁止在蓄能器上进行焊接、铆接或机加工。

（4）压力表

①压力表的量程一般为额定值的1.5~2倍。

②使用压力表应设置压力表开关及压力阻尼装置。

（5）密封件

①密封件应与它相接触的介质相容。

②密封件的使用压力、温度和密封件的安装应符合实际使用要求，并安全可靠。

（6）管路要求

①管件材料。系统管路用管可采用钢管、胶管、尼龙管、铜管等。管路中采用钢管时，适合采用10号、15号、20号无缝钢管。特殊和重要系统应采用不锈钢无缝钢管。

②管件公差要求。管件的精度等级应与所采用的管路辅件相适应，管件的最低精度应符合《结构用无缝钢管》GB/T　8162的规定。

四、安装液压系统

（1）按照液压原理图，安装液压站上个液压管路。

（2）安装时，必须注意各油口的位置，不能接反或接错。

（3）油管必须用防锈清洗。清洗过的油管，如不及时装配，必须对管口进行封堵。

（4）管路上液压阀，要核对型号和规格。必须有合格证，并确认其清洁度。

（5）核对密封件的规格、型号、材质及出厂日期（应在使用期内）。

（6）装配前，再一次检查管路上孔道是否与设计图纸一致。

（7）检查连接螺栓，力矩值应符合液压阀制造厂的规定。

（8）管路的安装。防止液压元件受到污染。

（9）管道布置要整齐，油管程度要尽量短，管道的直角转弯应尽量少，刚性差的油管要进行可靠地刚性固定。管路复杂时，要将其膏药油管、低压油管、回油管和吸油管分别涂上不同颜色，以进行区分。

（10）吸油管的高度一般不大于 50 mm。溢流阀的回油管不应靠近泵的吸油管口，以免吸入温度较高的油液。

（11）回油管应伸到油箱液面以下，以防油液飞溅而混入气泡。回油管应加工成 45°斜角，吸油会相对平稳。

（12）液压站油管的固定。将液压钢管固定板、油管卡子和液压站油管固定，螺栓涂螺纹锁固胶。

（13）液压站的加油和吊装。用专用加油泵给液压站加入规定的液压油。安装吊具，将液压站吊置于底座的安装位置，用螺栓紧固，再在螺栓涂螺纹锁固胶。见图 3-43 和图 3-44。

（14）后处理。在液压站分配块裸露金属面、液压胶管的金属连接部分和液压油管上刷防锈油。涂刷时，要求清洁、均匀，无气泡。

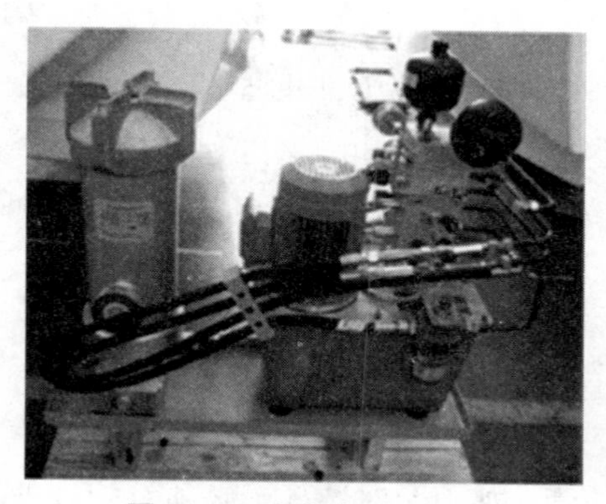

图 3-43　安装液压站油管

图 3-44　安装液压站

复习思考题

1. 简述挠性联轴器的结构形式。
2. 简述高速制动器的安装过程。
3. 简述偏航制动器的安装过程。
4. 简述定桨距风力发电机的液压系统的组成。
5. 简述风力发电机组的制动形式。

第四章　发电机系统的安装与调整

学习目的：

1. 掌握发电机胀紧套的安装方法。
2. 了解双馈发电机的拆卸和保养。
3. 掌握检测发电机装配尺寸的方法。

风力发电机组是将风的动能转换为电能的系统。风力发电机是将风能转换成电能的电磁装置。虽然发电机的种类和形式繁多，但是对于不同结构和特点的发电机，其工作原理都是基于电磁感应定律和电磁学及力学定律。在原动机的带动下，发电机中的线圈绕组切割磁力线，在线圈绕组上就会有感应电动势产生。相对于磁极而言，产生感应电动势的线圈绕组通常被称电枢绕组。发电机的基本组成部分都是产生感应电动势的线圈（即电枢）和产生磁场的磁极或线圈。

风力发电机的整体结构通常由定子、转子、机座、端盖和轴承等部件构成。定子是指不转动的部分，主要由定子铁心、定子绕组、机座、接线盒，以及固定这些部件的其他结构件组成。转动的部分叫转子，转子主要由转子轴、转子铁心（或磁极、磁轭）、转子绕组、护环、中心环、集电环和风扇等部件组成。由轴承和端盖将发电机的定子、转子连接组装起来，使转子能在定子中旋转，做切割磁力线运动，从而产生感应电动势。然后通过接线端子将感应电动势引出，接在回路中，便产生了交流电流。直流发电机实质上是带有换向器的交流发电机。

风力发电机类型很多，按照输出电流的形式可以分为直流发电机和交流发电机两大类。其中，直流发电机还可以分为永磁直流发电机和励磁直流发电机。交流发电机又可分为同步发电机和异步发电机。

异步发电机也称为感应发电机，它的典型特点是转子旋转磁场与定子旋转磁场不同步，即“异步”。它是利用定子与转子间的气隙旋转磁场与转子绕组中产生感应电流相互作用的交流发电机，即“感应发电机”。同步发电机的定子磁场是由转子磁场引起，并且它们之间总保持一先一后的等速同步关系，因此被称为同步发电机。

目前在风力发电机组中，两种最具有竞争能力的结构形式是异步电机双馈式机组和永磁同步电机直接驱动式机组。大容量的机组多采用这两种结构，下面分别对其进行介绍。

第一节　双馈异步发电机的装配

一、双馈异步发电机的概述

双馈异步发电机用于变桨距和变速的风力发电机组。双馈式变速恒频风力发电机组是目前国内外风力发电机组的主流机型。双馈风力发电机组风轮将风能转变为机械转动的能量，经过齿轮箱增速驱动异步发电机，应用励磁变流器励磁而将发电机的定子电能输入电网。如果超过发电机同步转速，转子也处于发电状态，通过变流器和电网馈电。齿轮箱可以将较低的风轮转速变为较高的发电机转速。同时也使得发电机易于控制，实现稳定的频率和电压输出。双馈式风力发电机组的结构，见图 4–1。

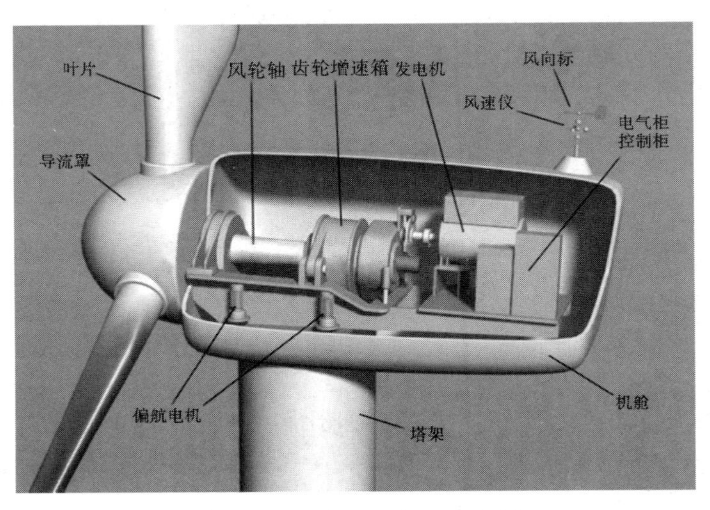

图 4–1　双馈式风力发电机组结构

双馈风力发电机组的优点是：发电机转子侧变流器功率仅需要 25%～30%的风机额定功率，大大降低了变流器的造价，简化了调整装置，提高了机组运行效率。发电机体积小、运输安装方便、成本低。可承受电压波动范围：额定电压±10%。网侧及直流侧滤波电感、电容功率相应缩小，电磁干扰也大大降低，可方便地实现无功功率控制。

双馈风力发电机组的的缺点是：双馈风力发电机须使用齿轮箱，齿轮箱成本很高，且易出现故障，需要经常维护。同时，齿轮箱也是风力发电系统产生噪声污染的一个主要因素。当低负荷运行时，效率低。电机转子绕组带有集电环、电刷，增加了维护工作量和故障率。控制系统结构复杂。

双馈异步发电机又名交流励磁异步发电机，结构上类似于普通绕线异步发电机，有定子和转子两套绕组。定子结构与普通异步电机相同，转子结构带有集电环和电刷。电机结构，见图 4-2。定子直接与电网相连，与绕线转子异步电机和同步电机不同的是，转子侧可加入交流励磁。转子的转速与励磁频率有关，既可输入电能也可输出电能，使双馈风力发电机兼有异步发电机和同步发电机的特点。

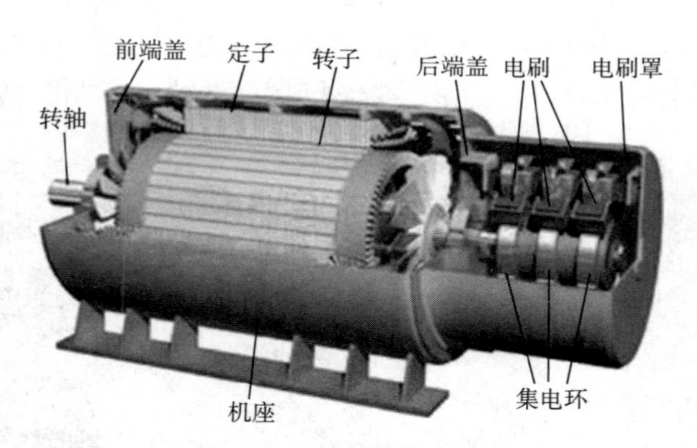

图 4-2　双馈异步发电机

双馈异步发电机实际上是异步发电机的一种改进，可以认为它是由绕线转子异步发电机和在转子电路上所带交流励磁器所组成的。同步转速之下，转子励磁输入功率，定子侧输出功率。同步转速之上，转子与定子均输出功率，“双馈”的名称由此而得。双馈异步发电机实行交流励磁，可调节励磁电流幅值、频率和相位，控制上更加灵活，改变转子励磁电流频率，可实现变速恒频运行。它既可调节无功功率又可调节有功功率，运行稳定性高。

双馈发电机技术特点如下所示。

·绕线式异步电机，采用定、转子两套绕组和滑环。

·发电机冷却方式：采用空空冷或空水冷或机座水冷。

·发电机防护方式：IP54、滑环系统 IP23。

·发电机定子直接与电网相连，电压范围为额定电压±10%。

·转子绕组通过变流器与电网相连，承受较高的 du/dt。

·发电机转速变化范围最大可为同步转速±30%，一般在同步转速 70%～130%内调节调速。

·定子功率因数：-0.9（超前）～1～0.9（滞后）。

·温升限值：额定点按降低一个绝缘等级考核温升，一般 F 级绝缘/E 级温升考核，H 级绝缘/F 级温升考核。

二、双馈异步发电机的装配

（一）装配双馈异步发电机弹性支撑

发电机弹性支撑是一种多层橡胶和多层钢板硫化而成的弹性体，与壳体和底板组装在一起的隔震装置，适用于风力发电机等高速旋转机械的减振，具有良好的减振性能。它能有效降低发电机的冲击载荷和运行噪音，并且还能实现垂向的高度调节与横向的位置调节，能很好地实现发电机与联轴器的对中。此外，它还具有安装方便、更换简单等特点。

1. 安装发电机弹性支撑

（1）准备好安装零部件、工装、工量具等工艺装备。

（2）清理和清洗底座发电机弹性支撑安装面及螺纹孔。

（3）安装发电机弹性支撑。按工艺规程技术要求，用紧固件将发电机弹性支撑安装到底座发电机支架上。螺栓不用紧固，用手带上即可。待发电机调中完成后，再紧固力矩。见图 4-3 和图 4-4。

图 4-3　发电机弹性支撑

图 4-4　安装发电机弹性支撑

（二）安装联轴器发电机侧组件及胀紧套

1. 联轴器的分类

双馈异步发电机组的主轴齿轮箱组件与发电机的装配采用联轴器连接。联轴器是一种通用元件，各类很多，用于传动轴的联接和动力传递。联轴器可分为刚性联轴器（如胀套联轴器，见图 4-5）和挠性联轴器两大类。挠性联轴器又分为无弹性元件联轴器（如万向联轴器，见图 4-6）、非金属弹性元件联轴器（如轮胎联轴器，见图 4-7）、金属弹性元件联轴器（如膜片联轴器，见图 4-8）。

图 4-5　胀套联轴器

图 4-6　万向联轴器

图 4-7　轮胎联轴器

图 4-8　膜片联轴器

2. 联轴器的应用

刚性联轴器常用在对中性较好的两个轴的联接，而挠性联轴器则用在对中性较差的两个轴的联接。挠性联轴器还可以提供一个弹性环节，该环节可以吸收轴系外部负载波动产生的振动。

3. 联轴器的作用

联轴器的良好对中对于防止轴承提前失效、转轴疲劳、密封损伤和振动起着至关重要的作用。它还可以减少过热和额外的能量消耗，因此保持良好的对中对设备的正常运转十分重要。

4. 联轴器的安装

在风力发电机组中，通常在主轴与齿轮箱低速轴连接处选用刚性联轴器，齿轮箱与发电机连接的高速端选用膜片联轴器。联轴器的齿轮箱侧组件在本书的第三章联轴器的安装中已详细讲述，下面主要了解一下膜片联轴器的发电机侧组件及胀紧套的安装知识。

（1）膜片联轴器

①膜片联轴器采用高强度合金材料及玻璃钢材料制造，具有轻巧、免润滑、耐高低温、抗疲劳性强和超级绝缘等特点。适用于高速、重载条件下调整传动装置轴系扭转振动特性，补偿因震动、冲击而引起的主从动轴径向、轴向和角向位

移，吸收轴系因外部负载的波动而产生的额外能量，并不间断传递扭矩和运动。该联轴器具有扭矩限制功能。当机组发生短路或过载时，联轴器上的扭矩超过了设定扭矩，扭矩限制器便会产生分离。当过载情形消失后可自动恢复连接，从而能够有效防止机械损坏和昂贵的停机损失。

②图 4-9 为大型风力发电机组常用的膜片联轴器，其弹性元件为一定数量的很薄的多边环形（或圆环形）金属膜片叠合而成的膜片组。在膜片的圆周，有若干个螺栓孔，用铰制孔用螺栓交错间隔与半联轴器相联接。这样将弹性元件上的弧段分为交错受压缩和受拉伸的两部分，拉伸部分传递转矩，压缩部分趋向皱折。当机组存在轴向、径向和角位移时，金属膜片便产生波状变形。这种联轴器结构比较简单，弹性元件的联接没有间隙。它具有不需润滑、维护方便、平衡容易、质量小，对环境适应性强的优点，同时也具有扭转弹性较低，缓冲减振性能差，主要用于载荷比较平稳的高速传动。

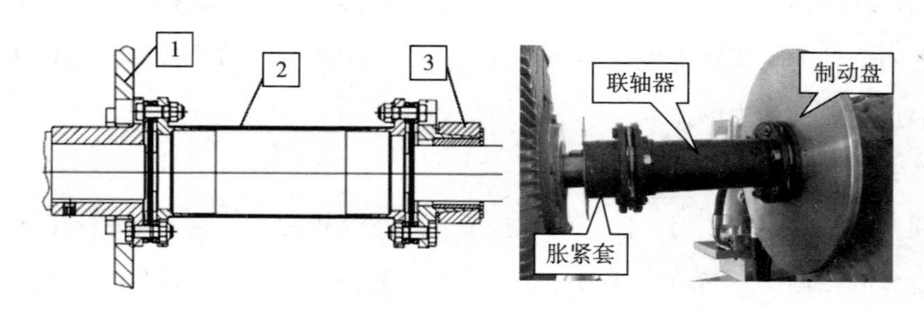

1- 制动盘；2- 联轴器；3- 胀紧套

图 4-9　某大型风力发电机高速轴与发电机轴间的膜片联轴器

（2）安装联轴器发电机侧组件和胀紧套

①检验清理零部件。检查发电机键槽和发电机胀紧套法兰键槽。清理干净发电机轴头、胀紧套法兰、膜片联轴器和转速检测盘，达到无划痕、毛刺、油污等要求。见图 4-10 和图 4-11。

图 4-10　膜片

图 4-11　胀紧套法兰

②安装胀紧套法兰。将转速检测盘套在发电机轴上，并将其平键安装至发电机轴的键槽内。将胀紧套法兰套入发电机轴，用卡尺快速测量发电机胀紧套法兰端面到齿轮箱轴套法兰端面的距离。若尺寸不符合工艺规程技术文件要求，应迅速调整发电机胀紧套法兰的位置。见图 4-12。**注意，**也可采用温差加热法加热胀紧套法兰，确保胀紧套法兰的顺利安装。

图 4-12　安装发电机联轴器

③安装联轴器总成。将联轴器的膜片和中间体按图 4-12 所示位置安装，螺栓的螺纹端朝向中间体的方向。然后，旋紧螺母，将中间体上的大小连接孔与两端的轴套法兰上大小孔错开安装。螺栓紧固按照本系列教材的初级教材中第一章的装配连接要求紧固。**注意，**应将中间体有力矩限制器的一端安装在发电机侧，见图 4-13。

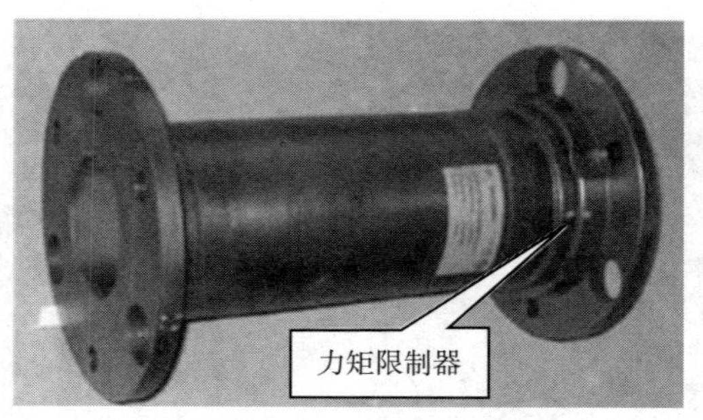

图 4-13　中间体

④安装转速检测盘。用螺栓将发电机转速检测盘固定在发电机胀紧套法兰上，按装配工艺规程技术文件要求的力矩值进行紧固。

⑤后处理。清理干净各零部件，做防腐和防松处理。

三、双馈异步发电机的对中调整

双馈异步风力发电机组的主传动链是由低速轴、轴承、齿轮箱、高速轴、联轴器和发电机等六大部件组成。它们在连接装配时，保证对中性难度非常大。为了保证装配的同轴度，在风力发电机组的设计中，是通过在主轴与齿轮箱低速轴连接处，即低速轴端采用刚性联轴器，使主轴与和齿轮箱固结为一体的。而在发电机与齿轮箱高速轴连接处，则采用挠性联轴器，允许两者之间有少量的同轴度装配偏差，以此来保障风力发电机组能够平稳运行，降低设备振动和噪音，减少能量损失和机械部件的磨损（如轴承的磨损）。可以以一种异步风力发电机为例，了解一下发电机与齿轮箱同轴度（对中）的调整方法。

1. 发电机对中的方法

对中的方法有直刀口/试塞尺法、百分表法、激光系统测量法等。由于激光发散性很小，测距精度高，进而用它测长度和角度，特别在较长距离的测量中可以发挥它的优势。激光系统测量法被广泛地应用于机械设备轴对中的测量和调整。

在对中过程中，我们将机械设备中不可调整的部分叫做“固定端 S”，在风力发电机传动系统中齿轮箱就是固定端；另一部分设备中可调的部分叫估和“移动端 M”，在风力发电机传动系统中发电机就是移动端。在水平和竖直两个方向上不对中的程度（径向偏差和角度偏差），通过几何关系计算得到水平方向和垂直方向的偏差值和调整量。偏差值用作衡量不对中程度的标准，调整量用来指导移动端机器的水平方向移动和竖直方向垫片的增减。

2. 激光对中仪的操作与调整

（1）组装测量单元

（2）将激光对中仪的 MOVABLE 表座（测量单元）紧紧地固定在发电机的输入轴端（移动端设备），见图 4-14。

图 4-14　安装激光对中仪 MOVABLE 表座

（3）将激光对中仪的 STATIONARY 表座（测量单元）固定到变速箱的输出轴端（固定端），见图 4-15。

图 4-15　安装激光对中仪 STATIONARY 表座

（4）将激光对中仪按图 4-16 安装好，开机调整激光探头的高低位置。尽量使光束照射在对面激光探头接收器的中心位置。

图 4-16　安装激光对中仪各部件

（5）选择水平轴对中，然后选择所对中的机器转速及允许的最大偏差，并输入尺寸。

（6）选取第一点（12 点钟位置），得到第一点的测量结果。

（7）选取第二点（3 点钟位置），得到第二点的测量结果。

（8）选取第三点（9 点钟位置），得到第三点的测量结果。此时的测量结果就可以反映出水平与垂直方向的角度误差和径向误差，并能反映出发电机前端与后端的调整量，选择“调整”。

（9）根据测量值调整发电机前后端

①垂直方向的调整

打开刹车制动器，旋转制动盘将激光发射器旋转至 12 点钟方向。然后，刹车调整发电机，出现发电机侧视图及调整数据。接下来，比较发电机前后端的调整量，哪个值大先调整哪个。

调整时，先用工装将发电机左右端固定，防止发电机移动。然后，再调整发电机前后端螺栓，用千斤顶将发电机顶起。如果调整量前面是“+”号，说明发电机过高，应向下降。若调整量前面是“-”号，则说明发电机太低，应向上升。见图 4-17 和图 4-18。

调整后，观看激光对中仪上的数据是否在允许偏差范围内。如果没有达到允许偏差范围，则重复上述操作，直到满足要求为止。允许偏差要达到随机技术文件的规定值，若随机技术文件没有规定，可参照 GB　50231《机械设备安装工程施工及验收通用规范》的 5.3 联轴器装配的允许偏差进行检验。

图 4-17　千斤顶调整发电机前端高度

图 4-18　千斤顶调整发电机后端高度

②左右方向的调整

将激光对中仪转至 3 点钟的位置，此时会出现发电机的俯视图和调整数据。比较发电机前后端的调整量，哪一个数值大就先调整哪一端。

调整时，前后端不能同时调整。调整前端时，须保证后面两个弹性支承上的四个螺栓中必须有两个（外侧或对角）是在拧紧状态，以防止发电机减震垫滑动。观看前后端螺栓要调整的数值，如果数值前面是“-”号，那么你需要面对叶轮方向，将发电机向右侧调整，即调整专用工具向右调整发电机。若调整数值前面是“+”号，则需要向左调整发电机。见图 4-19 和图 4-20。

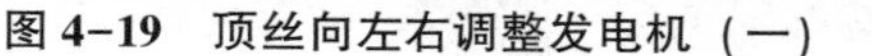

图 4-19　顶丝向左右调整发电机（一）

图 4-20　顶丝向左右调整发电机（二）

调整时，观看激光对中仪上读数的变化。你会发现，调整量的数值在变小，角度偏差和径向偏差也在变小。如果前后端螺栓的调整量不大，则可以一次将其调整到零。如果前后端螺栓的调整量很大，那么就需要分几次来调整。如此重复几次，最终将水平角度偏差和径向偏差是否在误差允许范围内。若不合适，需要重复调整几次，最终将其调整到允许的范围内。

（10）固定

①发电机和齿轮箱对中调整合格后，用螺栓等紧固件将发电机固定在弹性支撑上，并按要求的力矩进行紧固。

②发电机和齿轮箱对中调整合格后，用螺栓等紧固件将弹性支撑固定在底座上，并按要求的力矩对其进行紧固。**注意**，在安装紧固件时，螺纹的锁固密封和螺栓的紧固顺序，可参照本系列教材的初级教材中第一章的相关内容进行操作。

③拆除激光对中仪和发电机调中工装，安装刹车盘与联轴器罩子。

④后处理。应对发电机的弹性支撑、发电机安装面的裸露金属面和轴头裸露部分、固定螺栓六角头部分和底座上裸露金属面应进行防腐处理，如刷防锈油或冷喷锌等。**注意**，要将发电机的两根接地线上的导电膏清理干净后，再做防腐处理。

3. 对中的要点

①在发电机轴对中调整的整个过程中，不允许身体任何部位触碰到激光发射探头，以免严重影响到测试精度。

②如果没有任何数据显示，请注意查看激光接受视窗是否接收到对面发射过

来的激光。

③在三点法的测试过程中，实际上给出的三点分别为3点钟、9点钟和12点钟。但有时候由于刹车盘安装位置的影响，S探头不能到达3点钟方向和9点钟方向，所以我们只能将其转出红色非测量区域。

④关于方向问题。取机舱内面向轮毂方向为正方向，左手侧为机舱左侧，右手侧为机舱右侧。为了工作方便，我们习惯站立于机舱右侧，面向机舱左侧进行操作。此时，操作屏上显示的图像正好是相反的。

⑤关于水平方向与垂直方向。当操作屏上显示的发电机只有下面2个脚时，操作屏上显示的图像为侧视图。可以假想，我们如果站在发电机的侧面看发电机，此时出现的测量数据是在垂直方向上的调节量。当操作屏上显示的发电机有4个脚时，操作屏上显示的图像为俯视图。可以假想，我们如果站在发电机的上面向下看发电机，此时出现的测量数据是在水平方向上的调节量。

⑥旋转时要向一个方向旋转，以消除齿隙。但是由于制动器安装位置的影响，我们是向两个方向旋转的，对测量结果影响不大。

四、双馈异步发电机的拆卸和保养

(一) 设备拆卸工作方法

1. 拆卸的目的

在日常的装配活动中，装配技术人员也会时常涉及拆卸工作。因此，深入认识这种相对装配为“反向”的工作方式很重要。因为拆卸与装配有不同的工作途径和思考方式，而且还需要有专用的拆卸工具和设备。在拆卸中，若考虑不当，则会造成设备零部件的损坏，甚至降低整台设备的精度和性能。

拆卸的目的就是要拆下装配好的零部件，重新获得单独的组件或零件。

2. 拆卸的类型

①定期检修。其目的是防止机器出现故障。例如，定期检查机器的运行和磨损情况，或根据计划来更换零件。

②故障检修。其目的是查出故障并排除故障。例如，修理和更换零件。

③设备搬迁。其目的是将设备搬至另一工位或另一车间而进行的拆卸，以方便机器和设备的运输。这里机器或设备会被部分拆卸下来，运到其他地方能再重新装配起来。

3. 设备拆卸的工艺过程

除了拆卸的原因，拆卸步骤还要由机器或设备的结构来决定。拆卸步骤可分为两个阶段，即准备阶段和实施阶段。将拆卸步骤分为两阶段的目的，是为了区分完成拆卸工作所必需的各种操作和方法。

（1）拆卸准备阶段

拆卸准备阶段主要是将拆卸步骤能充分可靠地进行下去，它包括以下工作。

①阅读装配图、拆卸指导书等。分析了解设备的结构特点，传动系统零部件的结构特点和相互间的配合关系。明确它们的用途和相互间的作用。

②分析和确定所拆卸设备的工作原理和各零部件的功能。

③如有需要，查出导致故障的原因。

④明确拆卸顺序及拆卸零部件的方法。

⑤检查所需要的工具、设备和装置。

⑥如有要求，应注意按拆卸顺序在所拆部件上做出记号。

⑦留意清洗零部件的方法。

⑧画出设备装配草图。

⑨整理并安排好工作场地。

⑩做好安全措施。

（2）拆卸实施阶段

拆卸实施步骤是依据具体的拆卸顺序、拆卸说明和规定来进行的。它们包括：

①将设备拆卸成组件和零件。

②在零部件上做记号、划线。

③清洗零部件。

④检查零部件。

4. 拆卸的原则

机械设备拆卸时，应该按照与装配相反的顺序进行。一般从外部拆至内部，从上部拆至下部；先拆成部件或组件，再拆成零件的原则进行。另外，在拆卸中，还必须注意以下原则。

①对不易拆卸或拆卸后会降低连接质量和损坏一部分连接零件的连接，应当尽量避免拆卸，例如密封连接、过盈连接、铆接和焊接件等。

②用击卸法冲击零件时，必须垫好软衬垫，或垫上用软材料（如紫铜）做的锤子或冲棒，以防止损坏零件表面。

③拆卸时，用力应适当。特别要注意要保护的主要结构件，不使其发生任何损坏。对于相配合的两零件，在不得已必须拆坏一个零件的情况下，应保存价值较高、制造困难或质量较好的零件。

④长径比值较大的零件和比较精密的细长轴、丝杠等零件，拆下后，应随即清洗、涂油、垂直悬挂。重型零件可用多支点支撑卧放，以免变形。

⑤拆下的零件应尽快清洗，并为其涂上防锈油。对精密零件，还需要用油纸包好，防止生锈腐蚀或碰伤表面。零件较多时，还要按部件分门别类，做好标记后再放置。

⑥拆下的较细小和易丢失的零件，如紧定螺钉、螺母、垫圈和销子等，清理后应尽可能再装到主要零件上，防止遗失。轴上的零件拆下后，最好按原次序方向临时装回轴上或用钢丝串起来放置，这样做将给以后的装配工作带来很大的方便。

⑦拆下的导管、油杯之类的润滑或冷却用的油、水、气的通路，各种液压件，在清洗后应将进出口封好，以免灰尘、杂质侵入。

⑧在拆卸旋转部件时，应注意尽量不破坏原来的平衡状态。

⑨容易产生位移而又无定位装置或有方向性的相配件，在拆卸后应先做好标记，以便在装配时容易辨认。

5. 常见的拆卸方法

在拆卸过程中，应根据具体零部件结构特点的不同，采用相应的拆卸方法。常用的拆卸方法，有击卸法、拉拔法、顶压法、温差法和破坏法等。

（1）击卸法拆卸

击卸法是利用手锤敲击，把零件拆下。用手锤敲击拆卸时，应注意下列事项。

①要根据拆卸件尺寸及重量、配合牢固程度，选用重量适当的手锤。

②必须对受击部位采取保护措施，一般使用铜锤、胶木棒、木板等保护受击的轴端、套端或轮辐。对精密的重要的部件拆卸时，还必须制作专用工具加以保护。

③应选择合适的锤击点，以避免变形或破坏。如对于带有轮辐的带轮、齿轮、链轮，应锤击轮与轴配合处的端面，避免锤击外缘，锤击点要均匀分布。

④对配合面因为严重锈蚀而拆卸困难的，可加煤油浸润锈蚀面。当略有松动时，再拆卸。

（2）拉拔法拆卸

拉拔法是一种静力或冲击力不大的拆卸方法。这种方法一般不会损坏零件，适于拆卸精度比较高的零件。

①锥销的拉拔

用拔销器拉拔锥销。锥销分为内螺纹锥销和螺尾锥销。拉拔时，它是靠拔销器重锤的冲击作用产生冲击力，将锥销从配合部位拔出来。

②轴端零件的拆卸

位于轴端的带轮、链轮、齿轮和滚动轴承等零件的拆卸，可用各种拉拔器拉出。

③轴套的拆卸

由于轴套一般是以质地较软的铜、铸铁、轴承合金制成，若拆卸不当很容易使它变形或损坏。因此，不必拆卸的尽量不拆卸，必须拆卸的可用专用工具拆卸。

（3）顶压法拆卸

顶压法拆卸是利用机械或拆卸工具与零部件作用产生的静压力或顶力拆卸零件的方法。常用螺旋 C 型工具，手动压力机或油压机、千斤顶等工具和设备进行拆卸。用螺钉顶压拆卸键的方法也属于顶压法。

（4）温差法拆卸

温差法拆卸是利用加热包容件或者冷却被包容件进行拆卸的方法。这种拆卸方法是利用热胀冷缩的原理，减小配合面的紧度或产生间隙，实现零件分离。它适用于拆卸尺寸较大、配合过盈量较大，或无法用击压方法拆卸的零件。NU 型、

NJ 型圆柱滚子轴承的内圈拆卸可以采用感应加热法，即在短时间内加热局部，使内圈膨胀后拉拔的方法。

（5）破坏法拆卸

当必须拆卸焊接、铆接、密封连接、过盈连接等固定连接件或轴与套相互咬死时，不得已才采用这种方法。一般采用车、锯、錾、钻、气割等方法进行。该法拆卸后要损坏一些零件，造成一定的经济损失，因此尽量避免采用该拆卸方法。

（二）发电机的拆卸

发电机在安装过程中或在电机试验过程中发生严重故障或出现质量问题，且无法通过在线维修达到出厂要求时，需要对发电机进行拆卸。下面具体介绍发电机的拆卸。

1. 发电机的拆卸

（1）按拆卸作业指导书的要求，准备拆卸发电机所需的工装、设备、装置和吊具，以及安全防护装备等。

（2）拆卸发电机接线，包括发电机定子接线、转子接线和控制盒接线三部分。**注意**，拆卸发电机接线前，必须确定电源已切断，控制柜电源关闭。

（3）拆卸刹车罩和联轴器。刹车罩拆卸之后，将联轴器用绳索悬挂于吊车上。使用力矩扳手将联轴器的刹车盘、中间体、膜片和胀紧套等件的连接螺栓旋松，将螺栓取下，并将联轴器拆下。在拆卸联轴器特别是胀紧套时，可根据上面讲述的常见拆卸方法和胀紧套与轴的配合公差及其他技术要求，选择合适的拆卸方法来拆卸。

（4）发电机地脚螺栓的预松动。为加快发电机的吊换过程，对发电机地脚螺栓进行预松动。用扳手将对角螺栓旋松，能够用手松动即可。不可将螺栓全部旋松或旋松太高，以免造成发电机滑移或失位。

（5）吊卸发电机。将发电机地脚螺栓取下，调整好发电机吊具，保证发电机吊起后在空中能够保持平衡，再将发电机吊离底座。注意在吊卸发电机时，不要与其他部件发生碰撞。

（6）整理。发电机吊离底座后，用清洗剂清理发电机弹性支撑法兰面上的油污。将定子、转子电缆理顺靠向控制柜摆放。

（三）发电机的使用维护与保养

发电机的使用寿命既与其自身的制造质量有关，又与产品使用中的保养维护密切相关，同时还与其安装、运行状况密切相关。下面介绍一下发电机的使用维护与保养。

1. 电机运行中的维护

（1）电机运转是否正常，可以从电机发出的声响、转速、温度、工作电流等现象进行判断。如在运行中的电机发生漏电，转速突然降低，发生剧烈振动，有异常声响，过热冒烟或出现控制电器接点打火冒烟等现象时，应立即断电停机检修。

（2）倾听电机运转时发出的声音，如果发现电机发出较大的嗡嗡声，其原因：不是电流大，就是缺相运行。如电机出现异常的摩擦声，可能是轴承损坏有扫膛现象。如电机有轻度的异声，可用木棍或长杆改锥，一端顶到电机轴承部位，一端贴近耳朵，细心分辨发出的声音是否存在异常。如电机轴承有异常响声，说明轴承有问题，应及时更换，以免造成轴承保持架的损坏，进而导致转子与定子摩擦扫膛，烧毁电机定子绕组。

（3）观察控制电器接点和电机接线接点是否有松动、异常升温或打火，绝缘有没有老化。观察接触器有没有异常的振动或声响，触头吸合后是否在打火。如再现这类问题，应尽早处理解决，以免酿成事故。

（4）电工在平时巡察时，要经常检查电机是否有过热现象。常用的 E 极绝缘电机允许最高温度为 105%，而在实际运行的电机绕组温度，要远低于这个极限温度。在测量时，电机的表面温度再加上 15 ℃ ~ 20 ℃，才是电机绕组的实际温度。对于温升过高的电机，要测量其工作电流。如电流偏大，三相电压正常，说明负载过重，应通过机修人员检查机械设备。如发现电机长时间过流 20% 以上，保护装置不动作，不自动断电，这说明热继电器整定电流设置值过大，应减小整定电流值。

2. 发电机的日常检查和维护

发电机的日常使用与保养，应经常细致地检查风力发电机的各部紧固情况和各主要工作部件的运转是否正常。定期使用与保养，就是预防性的定期检查、定期润滑，对风机主要零部件要解体清洗干净，对磨损的零件要进行更换，并重新调整各部间隙。

（1）检查和监视电机温度，外壳温度一般不得超过 75 ℃。

（2）检查和监视电机电流、电压、功率，电机各相电流与平均值的误差不应超过 10%。特别注意，在温度不超过运行温度的情况下，要对相邻机组的数据进行对比。当发现温度超出相邻机组 20 ℃或轴承温度突然升高时，应及时查找和分析原因，找出故障隐患并采取相应措施。

（3）检查轴承的工作情况，有无轴向窜动现象或不正常响声，两端轴承是否有漏油等现象。检测轴承温度，一般不得超过 65 ℃。

（4）认真观察电机的运行状况，注意观测电机的振动、噪声、温度、润滑脂和气味是否异常。如有异常，应及时查找和分析原因，找出故障隐患并采取相应措施。

（5）定期检修维护进线电缆与接线盒锁母，避免磨损造成对地短路；检查接线盒内各连接点的紧固状况；按制造厂随机技术文件的要求对轴承加注润滑脂；检查机组对中情况，如果同轴度超差，必须重作对中；擦去电机表面灰尘(注意检查风罩进风口)；检查电机地脚螺栓是否松动。

（6）电机停止运行时，及时清除电机外部灰尘、油泥。应保持电机清洁，防止油、水等污物进入电机内部。清洁时，严禁用水直接喷冲。

（7）电机停止运行后，必须检查加热器的工作状况，确保加热器工作良好。长期不运行的电机须关掉加热器。

（8）电机停机时间较长时，启动前要注意检查绝缘电阻（尤其潮湿地区）是否符合随机技术文件的要求。若不符合要求，应向技术部门咨询。

3. 发电机常见故障

风力发电机常见的故障有绝缘电阻低、振动噪声大轴承过热失效和绕组断路、短路接地等。下面介绍引起这类故障可能的原因。

（1）绝缘电阻低造成发电机绕组绝缘电阻低可能的原因有：电机温度过高，机械性损伤，潮湿、灰尘、导电微粒或其他污染物污染侵蚀电机绕组等。

（2）造成发电机振动、噪声大的可能的原因有：转子系统（包括与发电机相联的变速箱齿轮、联轴器）动不平衡，转子笼条有断裂、开焊、假焊或缩孔，轴径不圆，轴弯曲、变形，齿轮箱—发电机系统轴线未对准，安装不紧固，基础不好或有共振，转子与定子相擦等。

（3）轴承过热、失效造成发电机轴承过热、失效的可能的原因有：不合适的润滑脂，润滑脂过多或过少，润滑脂失效，润滑脂不清洁，有异物进入滚道，轴电流电蚀滚道，轴承磨损，轴弯曲、变形。此外，还有轴承套不圆或椭圆形变形，电机底脚平面与相应的安装基础支撑平面不是自然的完整接触，电机承受额外的轴向力和径向力，齿轮箱——发电机系统轴线未对准，轴的热膨胀不能释放，轴承跑外圈，轴承跑内圈等原因。

（4）绕组断路、短路接地造成发电机绕组断路、短路接地的可能的原因有：绕组机械性拉断、损伤，小头子和极间连接线焊接不良（包括虚焊、假焊），电缆绝缘破损，接线头脱落，匝间短路，潮湿、灰尘、导电微粒或其他污染物污染、侵蚀绕组，相序反，长时间过载导致电机过热，绝缘老化开裂，其他电气元件的短路、故障引起的过电压（包括操作过电压）、过电流而引起绕组局部绝缘损坏、短路，雷击损坏等。

（5）发电机出现故障后，首先应当找到引起故障的原因和发生故障的部位。然后，再采取相应的措施予以消除。必要时，应由专业的发电机修理商或制造商修理。

4. 轴承的保养维护

轴承是有一定寿命的、可以更换的标准件。根据制造商随机资料上提供的轴承型号和润滑脂牌号，润滑脂加脂量和换脂加脂时间，对轴承进行更换和维护。特别要注意环境温度对润滑脂润滑性能的影响。对于冬季严寒的地区，冬季使用的润滑脂与夏季使用的润滑脂不宜相同。

（1）检查润滑脂。若发现轴承润滑脂老化或异样、变质后，应及时更换润滑脂。电机保管期超过一年时，使用前必须更换润滑脂。

（2）运转中的轴承。注意倾听轴承声音有无异响，观察轴承温度，尤其要关注轴承温升的突然升高，应及时查找原因。此外，在按要求定期加油的基础上，要严格控制每次的加油量。因为加油过多或过少都会应影响电机的正常润滑过程，导致轴承温升的提高。经常高温表示轴承已处于异常情况，高温也有害于轴承的润滑脂。如果在运行条件不变的情况下，温度的升高表示轴承可能已经发生故障。正常情况下，轴承在刚润滑或再润滑过后，会有温度的自然上升并且可持续 1~2 天。观察油脂是否有泄漏。

（3）轴承的储存。轴承在包装前都会涂上防锈剂，在原包装中保存数年。但是，要防止腐蚀并不是只考虑防锈和包装。在存贮及搬运过程中，最好能控制温度与湿度，特别是在热带地区。轴承应在原包装内存放在没有振动、通风干燥的清洁室内，注意防尘并将其平放。

第二节　永磁直驱同步发电机的装配

一、永磁同步风力发电机

1. 永磁同步风力发电机的特点

（1）永磁同步发电机具有结构简单、无须励磁绕组、效率高的特点。随着高性能永磁材料制造工艺的提高，目前在风力发电机组中，有两种最有竞争力的结构型式是：异步电机双馈式机组和永磁同步直驱大型风力发电机组。

（2）永磁同步风力发电机通常用于变速恒频的风力发电系统中。风力发电机转子由风力机直接拖动，所以转速很低。由于去掉了齿轮箱等部件，减少了传动损耗和故障频率，提高了发电效率，增加了机组的可靠性和寿命。它利用许多高性能的永磁磁钢组成磁极，不像电励磁同步电机那样需要结构复杂、体积庞大的励磁绕组，提高了气隙磁密和功率密度，并在同功率等级下，减小了电机体积。同时，机组在低速下运行，旋转部件较少，可靠性更高。

（3）采用无齿轮直驱技术可减少零部件数量，降低运行维护成本。电网接入性能优异：永磁直驱风力发电机组的低电压穿越使得电网并网点电压跌落时，风力发电机组能够在一定电压跌落的范围内不间断并网运行，从而维持电网的稳定运行。

2. 永磁同步风力发电机的分类

（1）从结构上，可分为外转子和内转子。

①外转子结构

典型的外转子永磁同步发电机结构：叶片与叶轮连接，叶轮与发电机转动轴连接，转动轴与转子连接，直接驱动旋转。永磁直驱外转子发电机结构，见图4-21至图4-23。转子内圆（磁轭）上采用含稀土材料的钕铁硼永磁体拼贴而成的磁极，发电机定子（电枢绕组和铁心）与定子主轴相连。外转子设计，使得能有更多的空间安置永磁磁极。同时，转子旋转时的离心力，会使磁极的固定更加牢固。由于转子直接暴露在外部，所以转子的冷却条件较好。外转子存在的问题是主要发热部件定子的冷却和大尺寸电机的运输问题。

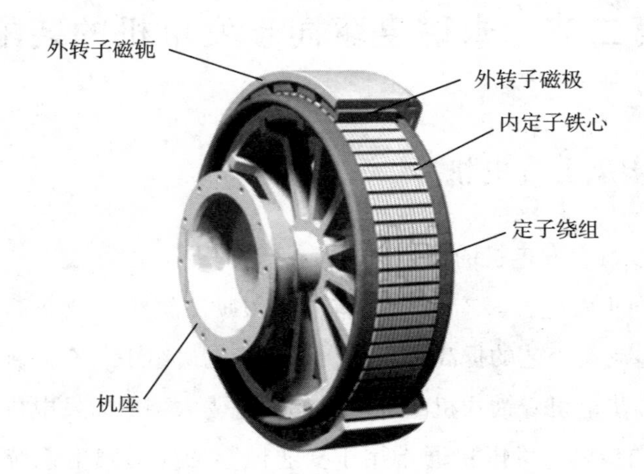

图 4-21　外转子永磁直驱发电机结构图

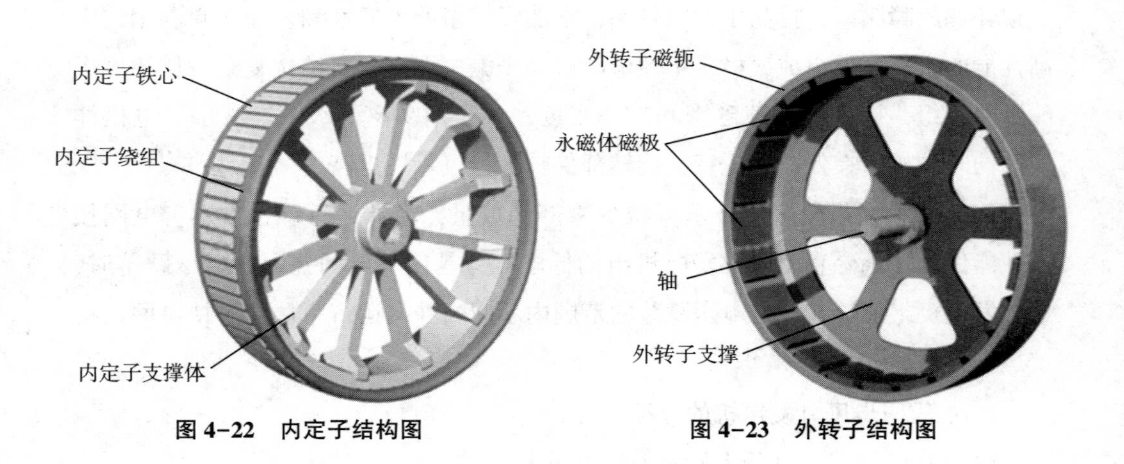

图 4-22　内定子结构图　　**图 4-23　外转子结构图**

②内转子结构

内转子永磁同步发电机内部为带有永磁磁极、随风力机旋转的转子，外部为定子铁心。内转子永磁直驱发电机结构，见图 4-24 至图 4-26。除具有通常永磁电机所具有的优点外，内转子永磁同步电机能够利用机座外的自然风条件，能使定子铁心和绕组的冷却条件得到有效改善。转子转动带来的气流对定子也有一定的冷却作用。内转子结构降低了发电机的尺寸，给运输带来了方便。

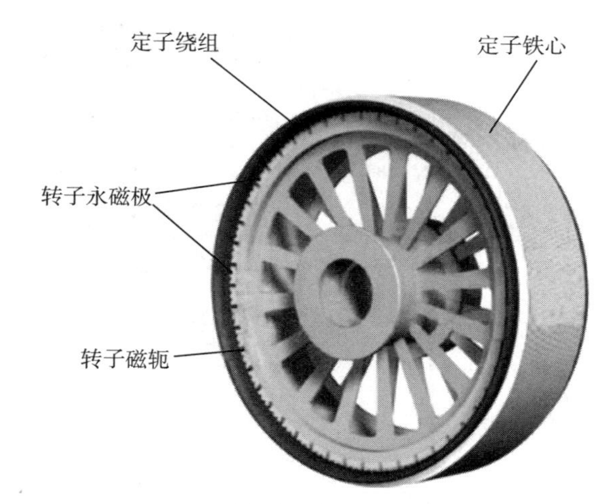

图 4-24　内转子永磁直驱发电机结构图

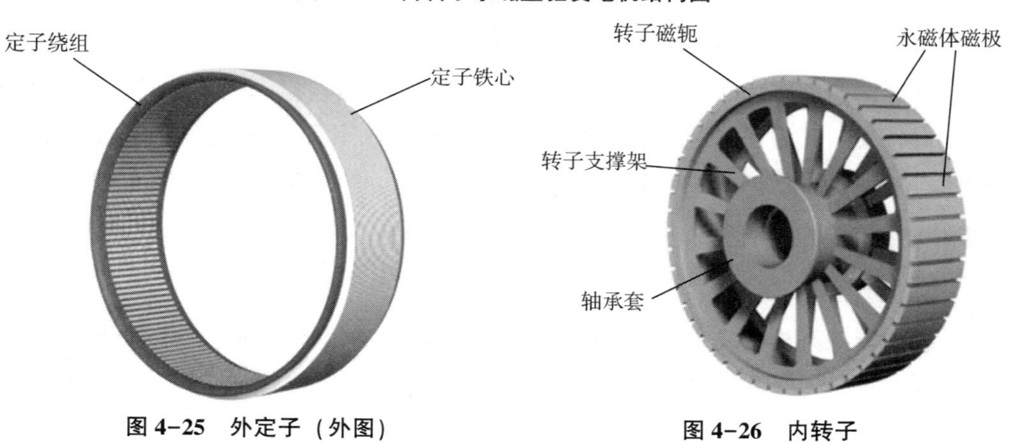

图 4-25　外定子（外图）

图 4-26　内转子

下面介绍一种永磁直驱同步风力发电机（外转子型）的结构组成和装配方法。

永磁直驱同步风力发电机一般由转子、磁钢、定子（铁心+线圈）、轴系总成（定子主轴、转动轴、轴承等）、制动器等部件组成，见图 4-27。

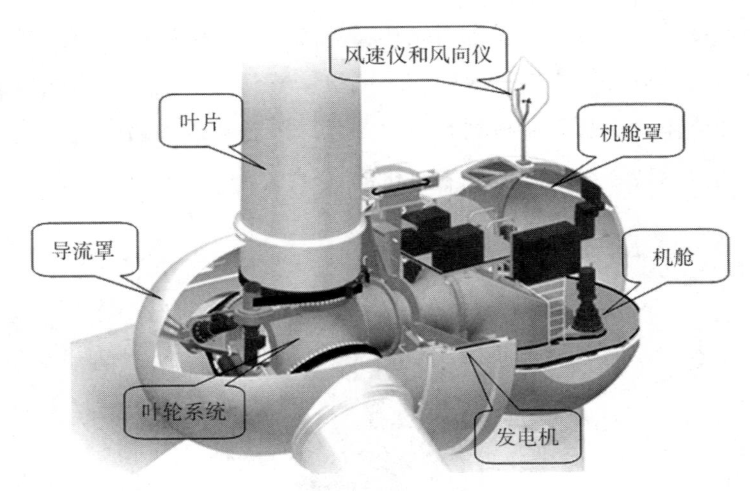

图 4–27　永磁直驱同步风力发电机

二、转子的装配

永磁直驱机组的发电机转子主要由转子支架、磁钢固定装置、磁极等组成。

转子采用永磁体来励磁，永磁体大多采用含稀土材料的钕铁硼制成，不但可增大气隙磁通密度，而且没有励磁损耗，电机效率较高。当永磁同步发电机应用于较高转速时，为了保证永磁体在磁力和离心力的作用下，能足够牢固和不发生位移，磁极须可靠地固定在转子上。磁极固定的方式常见的有黏接（表贴）方式和机械固定方式两种。

1. 转子的准备

转子支架是焊接件，多采用碳钢材质。我们称固定磁钢的安装面为磁轭，在使用转子前，要求对磁轭进行喷砂处理，喷砂处理可以清理掉磁轭表面的油污、锈斑、油漆等污物。将转子放置在专用工装上，使用清洗剂对转子磁轭进行清洁。

2. 磁极的固定

常见的磁极固定方式有黏接（表贴）和机械固定两种。这两种方式都广泛地应用在风力发电机上。相比较而言，由于风力发电机组安装在野外环境中，这对发电机的防护等级和安全性要求更高一些。机械固定的方式虽然工艺复杂了一些，但从风力发电机组运行的可靠性、安全性和低故障率等方面来考虑，机械固定的方式不失为更优的一种选择。下面分别介绍这两种磁极的固定方式。

①黏接（表贴）方式。简单地说，黏接方式就是用磁钢灌封胶水将磁钢黏贴到转子磁轭表面的工艺。我们要用黏贴磁钢的专用模具和工装将磁钢推入转子磁轭，灌注胶水黏接磁钢。胶水固化后，磁钢就黏接在转子磁轭上了。应采用耐腐蚀、耐候性好的防腐材料对磁极表面进行防护。

②磁钢机械固定方式。简单地说，这种方式就是用螺栓等紧固件将非导磁的磁钢固定装置（如隔条、磁极盒等）和磁钢固定在转子磁轭上，然后用耐腐蚀、耐候性好的防护材料对磁极表面进行防护。接下来，再灌注磁钢灌封胶水，将磁钢和防护层都牢牢地固定在转子磁轭上。

三、主轴系的装配

永磁直驱同步发电机轴系直接与叶轮与发电机连接，省略了中间的齿轮箱、联轴器等部件，因此永磁直驱同步发电机的结构很紧凑。轴系主要由定子主轴、转动轴、轴承、轴承密封件等部件组成。

（一）主轴承的装配

主轴系采用的是双（前、后）轴承的结构方式，前轴承采用的是双列圆锥滚子轴承，主要承受以径向为主的径、轴向联合载荷。后轴承采用的是单列圆柱滚子轴承，主要承受径向载荷，也可承受较轻的单向轴向载荷。永磁直驱发电机动、定轴的轴径比较大，承载能力比较强，轴承的装配都是过盈装配。下面介绍用加热的方式装配轴承。

（1）轴承装配前的检查与清洁。

（2）滚动轴承的装配方法。

滚动轴承常用的装配方法有机械装配法、液压装配法、压油法、温差法。具体应根据轴承装配方式、尺寸大小和轴承的配合性质来确定装配方法。兆瓦级永磁直驱风力发电机组使用的滚动轴承尺寸大、过盈量大，适合采用温差法装配。

（二）定子主轴与后轴承的装配

1. 后轴承的装配流程

安装后轴承密封保持架 → 安装后轴承内圈 → 安装后轴承定位环 → 安装后轴承外圈 → 安装后轴承密封圈 → 安装后轴承外圈压盖

2. 后轴承的结构，见图 4–28。

图 4–28　单列圆柱滚子轴承

（三）转动轴与轴承的装配

1. 前轴承的装配流程

安装前轴承第一个外圈和中间隔环 → 安装前轴承内圈 → 安装前轴承第二个外圈 → 安装前轴承密封圈及外圈压盖

2. 前轴承的结构，见图 4–29。

图 4–29　双列圆锥滚子轴承

3. 装配轴承的注意事项

（1）注意轴承的安装方向，不要装反或将不同的轴承内外圈装混。

（2）安装轴承前，定子主轴需调平。

（3）轴承加热时，切忌不能超温，以防止轴承失去的原有的硬度和耐磨性而报废。

（4）轴承安装应采用专门工具，受力均匀，严禁敲打。

（5）轴承存放应符合随机包装技术文件的要求，防止轴承生锈。

四、发电机的装配

（一）发电机装配的工艺流程

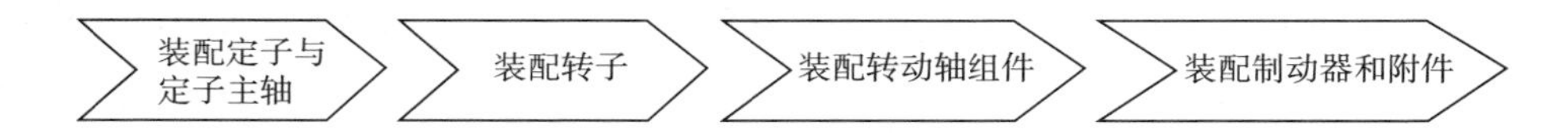

（二）定子与定子主轴的装配

永磁直驱的定子主要由定子支架总成、绕组总成、铁心总成、引出线缆防护总成等部件组成。按工艺规程技术文件的要求，准备生产辅料、清洁装配的零部件、连接定子主轴与定子支撑工装、套入转子支架盖板、装配定子。

（三）转子的装配

按工艺规程技术文件的要求，准备生产辅料、清洁转子等零部件、安装套装工装、装配转子。

（四）转动轴组件的装配

（1）按工艺规程技术文件的要求准备生产辅料。

（2）清洁转动轴等零部件和安装面。

（3）加热转动轴。按装配工艺规程的要求设定加热温度、时间以及保温时间，加热直至保温结束。

（4）安装转动轴组件。用行车和转动轴吊具将转动轴组件缓慢、平稳地套入定子主轴。

（5）预压后轴承外圈。装配完转动轴组件后，快速安装后轴承外圈压板工装，对后轴承外圈进行预压，按要求的力矩预紧固。

（6）安装前轴承内圈压盖。装配完转动轴组件后，快速将前轴承密封圈安装至定轴指定部位，将配作好的前轴承内圈压盖预紧固。

（7）检查后轴承内外圈的高度差。用专用量具沿圆周均匀测量 3 点后轴承内外圈的高度差，应使其符合图样和工艺规程技术文件的要求。

（8）检查后轴承内圈与后轴承保持架之间的轴向间隙。为确保后轴承密封保持架与后轴承内圈安装到位，需用塞尺沿整个圆周方向测量一圈间隙，记录下最大和最小间隙值，应使其符合图样和工艺规程技术文件的要求。

（9）安装后轴承压盖。用油压千斤顶或薄型千斤顶将压盖顶起，用螺栓等紧固件将其固定在转动轴上。然后，再按装配工艺规程技术文件要求的力矩对其进行紧固。

（五）转子支架盖板的装配

转子支架盖板是在装配完定子主轴、定子、转子、转动轴等主要零部件后与转子支架进行连接，主要作用是防止转子变形和密封发电机。

（1）按工艺规程技术文件准备工装、吊具、工具等生产辅料。

（2）清理和清洁转子支架盖板。

（3）安装工装吊具等。

（4）连接转子与转子支架盖板，并按工艺规程技术文件的力矩值进行紧固。由于转子支架盖板需要提前套入定子主轴并放置于地面，与套装后的转子有一定距离，转子支架盖板的安装方法如下。

①可使用行车和专用吊具将转子支架盖板提起，也可在圆周方向均布几个升降机（避开干涉的零部件）同时提升转子支架盖板。

②通过导正棒或螺栓使转子支架盖板和转子的安装孔对正。

③安装转子支架盖板。转子支架盖板与转子是通过止口来定位的，而止口尺寸公差配合是小间隙配合。由于止口尺寸非常大（4 m 以上）、易变形，所以安装支架盖板时需要借助外力，可在盖板下面圆周方向均布几个千斤顶同步将其安

装到位。

④用螺栓等紧固件连接转子支架盖板与转子，并按工艺规程技术文件要求的力矩值进行紧固。

（六）制动器的装配

1. 制动装置的作用

为了保证机组从运行状态到停机状态的转变，别动装置既是安全系统又是控制系统的执行机构，是安全控制的关键环节。它是风力发电机组出现不可控情况的最后一道屏障。

2. 气动制动和机械制动

风机从正常运行到停机需经历两个阶段：气动刹车阶段和机械刹车阶段。

气动刹车装置的型式根据风机型式的不同而不同。对于定桨距风机，气动刹车是通过叶片上的叶尖扰流器来实现的。在风机需要停机时，扰流器在离心力作用下释放并形成阻尼板。由于叶尖部分处于距离轴最远点，整个叶片作为一个长的杠杆，使扰流器产生的气动阻力相当高，足以使风机在几乎没有任何磨损的情况下迅速减速。对于变桨距风机，气动刹车是通过叶片变桨实现的。叶片变桨能改变叶片功角，减小叶片升力，利用风力来降低叶片转速。

气动刹车并不能使风机完全停住，在风力发电机速度降低之后，必须依靠机械制动系统才能使风机完全停止。机械制动是一种减慢旋转负载的制动装置，根据作用方式可分为气动、液压、电液、电磁和手动等形式。在风力发电机组中，常用的机械制动器为液压盘式制动器。盘式制动器沿着制动盘轴向施力。制动器不受弯矩，径向尺寸小，散热性能好，制动性能稳定。

3. 液压盘式制动器

（1）液压盘式制动器是主动式制动器，由钳体由两个半钳体和一块中间垫板组成，安装在制动盘上。每个半钳体由一个缸体构成，缸体里有两个活塞和一个制动衬垫。制动衬垫放在缸体的沟槽里，通过改变液压力实现制动力改变，并通过改变活塞的行程来实现衬垫磨损的补偿。制动器有足够大的摩擦片作用在制动盘的两面，摩擦材料为复合材料。

（2）主动式夹钳的工作原理是：当风机需要制动时，必须向制动器油缸中通入高压液压油，液压油推动活塞把摩擦片推向制动盘一侧。当摩擦片接触到制动盘表面后，持续的液压油压力提供反作用力使钳体组件在滑轴上向反方向移动，从而带动另一侧摩擦片压紧制动盘。这样两个摩擦片各自压紧在制动盘两侧，从而提供了制动力。当风机需要正常运行时，高压油卸荷，摩擦片在复位弹簧的作用下远离制动盘。当远离别动盘后，制动力消失，制动盘即可随高速轴自由旋转。主动式夹钳的结构，见图 4-30 和图 4-31。

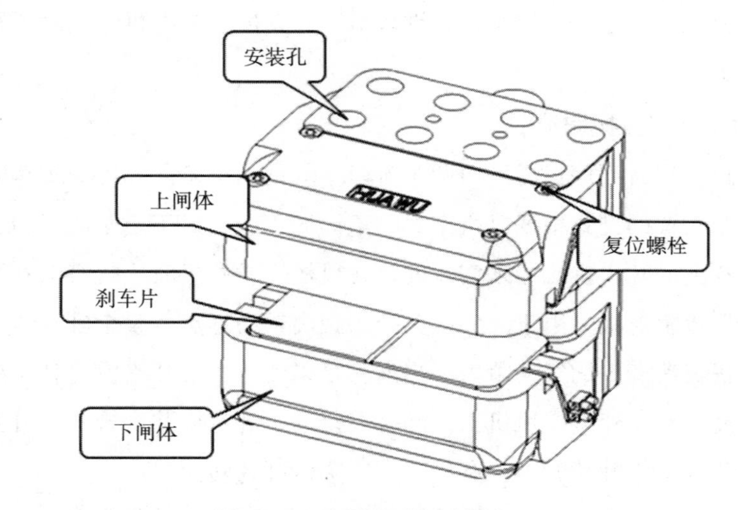

图 4-30　液压盘式制动器（一）

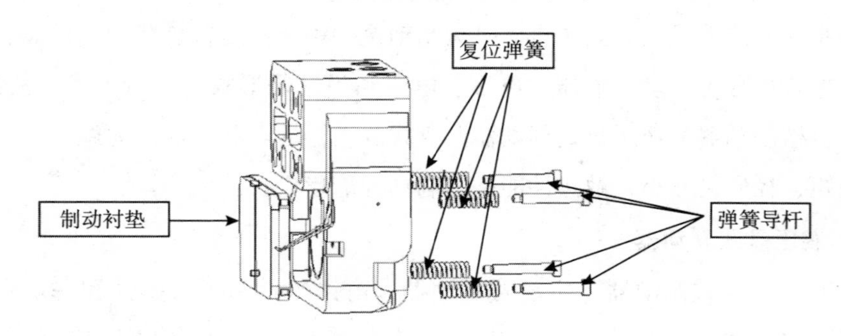

图 4-31　液压盘式制动器（二）

（3）安装制动器

①准备好装配制动器所需的零部件、标准件、工装工具和生产辅料等。

②清洁。用大布和清洗剂清洁制动盘（刹车环）、中间垫板、制动器和摩擦衬垫（刹车片）表面的污垢和防腐蚀保护，使制动器与安装支架表面之间保持清洁、干燥。注意，任何残余油脂或防腐蚀保护都会大大降低摩擦系数。

③清理制动器安装螺孔，并用压缩空气吹扫，确保螺孔内清洁、无异物。

④用复位弹簧及螺钉将刹车片固定在制动器的上下闸体上。

⑤安装 O 形密封圈。将制动器闸体上的红色防尘堵头拆下，安装 O 形密封圈。见图 4-32。

图 4-32　安装 O 型密封圈

⑥安装中间垫板。根据制动器安装说明，通过螺钉把制动器下闸体和中间垫板连为一体，并按要求的力矩值进行紧固。

⑦制动器的安装与调整。用吊具和卸扣分别与制动器上下闸体（吊环）连接，吊运至安装位置。然后，通过螺栓组将制动器上、下闸体固定在安装座上。要求制动器上下刹车片与制动盘（刹车环）之间的间隙均匀，并用塞尺检测。见图4-33。间隙合格后，按图样和装配工艺规程要求的力矩值对螺栓进行紧固。若间隙不满足要求时，可在制动器安装座上增加专用垫片来调整安装尺寸。

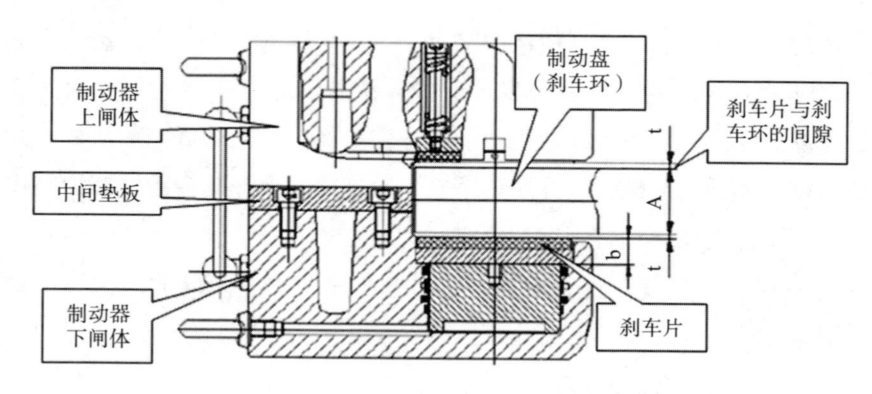

图 4-33 制动器与刹车盘安装示意图

⑧连接管路。将制动器油管接头、卡套和卡套螺母固定在转子制动器的上下闸体进出油口上。用转子闸间钢管将两个进出油口连接起来，并在制动器的另一个油口上安装 1 个放气测压接头阀，见图 4-34。

图 4-34 安装发电机制动器

⑨保压试验。连接好制动器管路后，按工艺规程技术要求，用手动液压泵对闸体打压试漏，检查加压是否有泄漏。如果没有泄漏，则证明连接的管路合格。

⑩螺栓的防腐处理。为使发电机组在装配、安装和运维过程中紧固件的裸露面不生锈，在总装车间组装过程中，紧固件终拧后需对其进行二次防腐。具体操作步骤如下。

用清洗剂将螺母、螺栓头、垫圈的污渍清理干净并晾干。

按风力发电机组生产厂的相关技术文件要求选用合适的防腐材料（如冷喷锌、防锈油），刷涂冷喷锌或防锈油。刷涂时，注意保证螺母或螺栓头与垫圈的缝隙部位冷喷锌或防锈油的渗透。

刷涂两次。第一次刷涂，经过1~2 h锌层干燥后，再刷涂第二次。要求均匀刷涂。

⑪ 螺栓的防松处理。螺栓防松的目的是在装配过程中起到检查作用，避免紧固件遗漏或忘记紧固；同时可明显直观地观测和发现紧固件由于各种震动等原因而造成的松动现象，以便及时对设备、产品等及时维护。按工艺规程技术文件的要求使用油漆笔打防松标记，以保证防松标记干燥后不易被擦掉。

（七）发电机附件的安装

1. 发电机舱门的安装

发电机舱门是为了方便维修人员从机舱进入发电机和叶轮而设计的装置，通常用螺栓组件将其安装在发电机定子支架上。在检查并确认舱门在锁定电机时方能打开，电机运行时禁止打开此门。见图4-35。应按工艺规程技术文件要求的力矩值对其进行紧固。

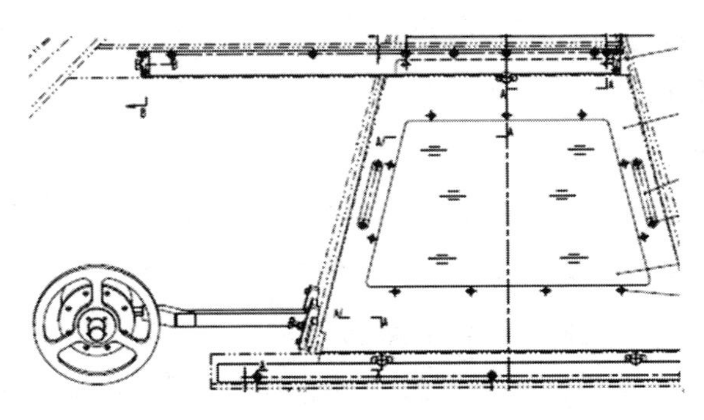

图4-35　发电机舱门

2. 滑环支架的安装

滑环又被称为集电环、电刷和电气关节。它在风力发电系统担负着整个系统的动力。滑环支架常常被使用在无限制、连接或间断旋转，传输电源和数据信号的机电系统中，能简化和改进、优化系统性能，且不损坏导线。它是整个风机系统中非常关键的部件之一，其精密度、可靠性和工作寿命直接影响风力发电系统的性能。

滑环是负责为旋转体连通、输送电流和信号的电气部件，通常安装在设备的旋转中心。一般在项目现场安装滑环和滑环支架。通常先将滑环固定在发电机定子主轴前端，再将滑环支架一端插入滑环，另一端固定在转动轴上，见图 4-36 和图 4-37。

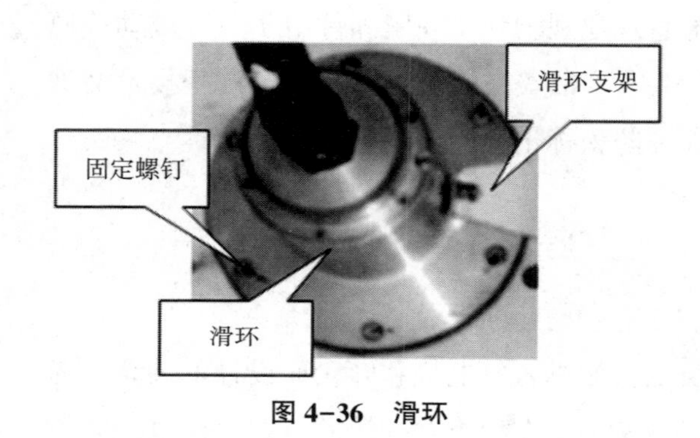

图 4-36　滑环

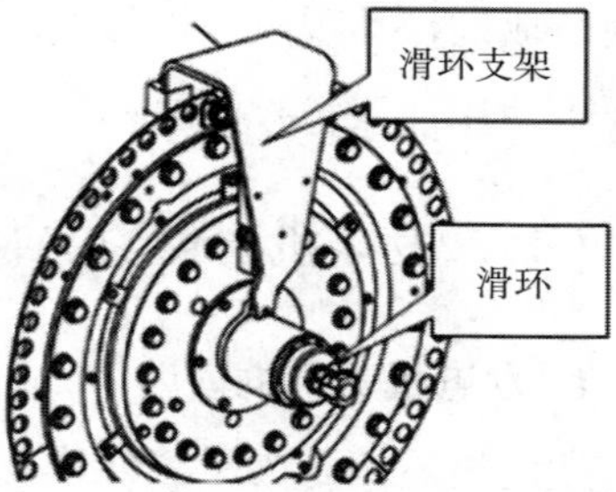

滑环支架
滑环

图 4-37　滑环和滑环支架的安装示意图

3. 发电机转速传感器支架的安装

发电机转速传感器是用来测量电机转速的一种装置，能感受到被测量的信息，并能将检测感受到的信息按一定规律变换成为电信号或其他所需形式的信息输出，以满足信息的传输、处理、存储、显示、记录和控制等要求。是实现自动检测和自动控制的首要环节。

在发电机转动轴前端安装一个转速检测盘（圆盘的圆周均布一定数量的透光孔），用螺栓等紧固件在发电机定子主轴前端安装一个转速传感器支架，然后再将两个独立的转速传感器固定在此转速传感器支架上。见图 4-38。当电机运行时，转速检测盘同电机一起转动，转速检测盘接近传感器的感应区域时，传感器可以无接触、无压力、无火花、迅速她发出电气指令，对检测盘的转动数进行转速测量，输出与旋转频率相关的脉冲信号，达到测速的目的。

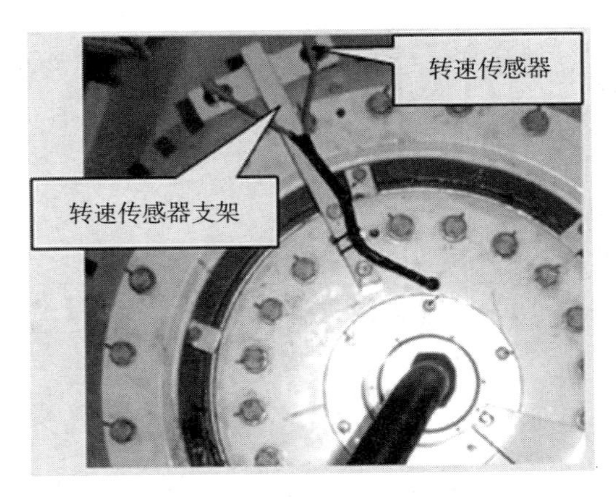

图 4-38　转速传感器及支架的安装

（八）发电机出厂前检查

（1）检查定子、转子轴向间距。发电机装配后，需用专用塞尺沿着圆周方向均匀测量和记录几处定子、转子的轴向间距。间距值应符合图样和装配工艺规程技术文件的要求。

（2）检查定子、转子径向间隙。发电机装配后，需用专用塞尺沿着圆周方向均匀测量和记录几处定子、转子间的径向间隙。间隙值应符合图样和装配工艺规程技术文件的要求。

（3）检查制动器闸体和复位螺栓。发电机装配后，用牵引小车、吊带与转子连接好，驱动牵引小车，慢慢拉动转子 2～3 圈。肉眼观察制动器（闸体和复位螺栓）与转子有无干涉，不干涉为合格。

复习思考题

1. 试述双馈机组联轴器发电机侧组件和胀紧套的安装要求。
2. 简述如何通过激光对中仪的测量值来调整发电机。
3. 简述双馈机组发电机的拆卸过程。
4. 试述发电机附件的安装要求和发电机出厂前的检查项目。
5. 简述制动器的安装与调整。

第五章　齿轮箱的安装与调整

学习目的：

1. 了解齿轮箱弹性支撑的作用。
2. 了解齿轮箱的结构。
3. 了解齿轮箱使用与维护的注意事项。

第一节　齿轮箱的安装

一、齿轮箱介绍

风电增速齿轮箱是风力发电机组的主要部件之一，它布置在叶轮和发电机之间，将叶轮动力传递给发电机发电，同时将叶轮输入的低转速转变为满足发电机所需的转速。它安装在距地面几十米高的塔架上面狭小的机舱内，其本身的体积和重量将直接对机舱、塔架、基础、机组风载等造成较大的影响。因此，在满足工作要求的前提下，应以追求最小体积和最小重量为目标，进行传动方案的比较和优化。

二、齿轮箱弹性支撑介绍

风力发电机齿轮箱是风力发电机组的关键部件之一。作为传递动力的部件，它在运行期间同时承受动、静载荷。因此为保证其在正常工作状态下运转平稳且无冲击振动或异常噪音，则应采取必要的减振降噪措施，使噪声声压级符合要求。最常用的解决方法就是安装减振支撑。

利用齿轮箱弹性支撑还可以减少从齿轮箱传递到机舱结构和塔架的振动，从而将齿轮箱的机械振动控制在规定的范围之内。

双馈式风力发电机组多采用三点式或四点式支撑系统。在三点式支撑系统中，根据载荷的特点与系统的要求，可采用轴瓦式减振支撑或者液体复合减振支撑。采用这种结构的风力发电机组，其齿轮箱载荷较复杂，对齿轮箱的要求较高。在四点式支撑系统中，可采用叠簧式减振支撑和液体复合减振支撑。采用这种结构的风力发电机组，其齿轮箱载荷比较简单，齿轮箱的维护成本较低。风力发电机组中齿轮箱减振系统的选择与设计应根据具体的载荷形式来定，并依据载荷的大小、特点和减振的要求来确定减振支撑的性能指标，以实现最佳的减振效果。

三、齿轮箱弹性支撑分类

1. 轴瓦式齿轮箱减振支撑

目前，大部分采用三点支撑系统（单轴承结构，见图 5-1）的风力发电机组，其齿轮箱减振系统主要采用的是轴瓦式弹性支撑，见图 5-2 所示。轴瓦式齿轮箱减振支撑由上、下两瓣弹性体组成，根据橡胶层数的不同，结构有所差异。弹性体采用偏心式结构设计，在一定的温度和压力下硫化成型。安装时利用产品的偏心量，通过预压缩的方式将其固定于齿轮箱支撑座中。这种结构的齿轮箱减振支撑的承载能力强，能够承受来自径向和轴向的冲击载荷，有着良好的阻尼和减振性能。一般要求弹性支撑的减振效率大于 80%，阻尼不小于 0. 05。

图 5-1　三点支撑系统

图 5-2 轴瓦式齿轮箱减振支撑

在 MW 级以下的风力发电机中，减振支撑的弹性体一般通过芯轴压装于齿轮箱扭力臂中，见图 5-3。这种结构的减振支撑，其上下弹性体安装困难，且在端部无挡板，在轴向无约束，呈自由状态，在长期的交变载荷作用下可能出现轴向窜出，从而影响产品的减振性能。在 MW 级以上的风机中，其减振支撑采用另外一种结构形式，见图 5-4。减振支撑的弹性体安装在齿轮箱两侧的支撑座内，每台 4 对。在弹性体的两端设置有挡块，可以防止弹性体发生轴向窜出，并且弹性体安装简单、拆卸方便，因此在 MW 级以上的风机中普遍采用这种结构。

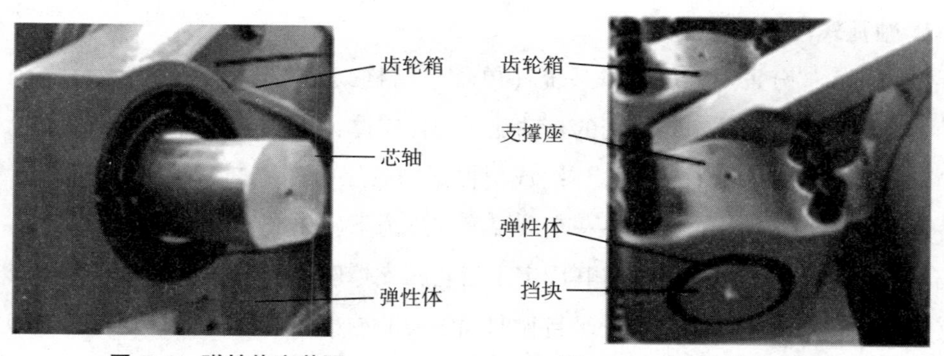

图 5-3 弹性体安装图　　图 5-4 减振支撑系统结构图

齿轮箱的主要功能是将叶轮在风力作用下产生的动力传递给发电机。通常叶轮的转速很低，远达不到发电机发电所要求的转速，必须通过齿轮箱齿轮副的增速作用来实现，所以也将齿轮箱称为增速箱。根据机组的总体布置要求，有时将与叶轮轮毂直接相连的传动轴（俗称大轴）与齿轮箱合为一体，也有将大轴与齿轮箱分别布置，其间利用胀紧套装置或联轴节连接的结构。为了增加机组的制动能力，常常在齿轮箱的输入端或输出端设置刹车装置，配合叶尖制动（定浆距叶轮）或变浆距制动装置共同对机组传动系统进行联合制动。

轴瓦式减振支撑在正常工作过程中主要承受齿轮箱的重量、低速轴的扭转载荷和部分重量。为了获得优良的减振效果，需要根据载荷的大小来确定齿轮箱减振支撑的刚度指标。齿轮箱减振支撑主要承受低速轴施加给齿轮箱的扭转载荷，因此减振支撑的径向刚度性能需要严格控制。根据《消防隔热头罩》EN13911 和《机车车辆用橡胶弹性元件通用技术条件》TB/T 2843 中的相关规定，产品的刚度性能要求应该取较为严格的公差等级，即在±15%范围之内。为了防止在传动系统出现严重的过约束问题，则要求减振支撑的轴向刚度越小越好。

2. 叠簧式齿轮箱减振支撑

叠簧式齿轮箱减振支撑主要用于四点支撑系统（双轴承结构）的风力发电机组当中，采用的是金属框架式结构，见图 5-5 和图 5-6。在齿轮箱扭力臂上下处，各设置有一个橡胶垫。齿轮箱支撑安装时使上、下橡胶垫各产生一定的预压缩量，齿轮箱工作时的振动就在预压缩量的范围内进行。

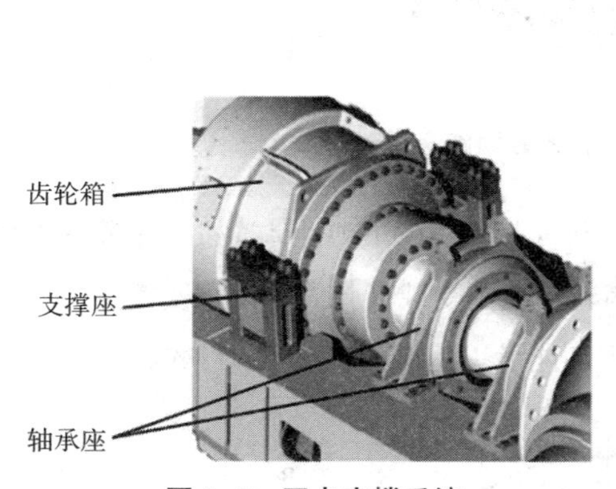

图 5-5　四点支撑系统

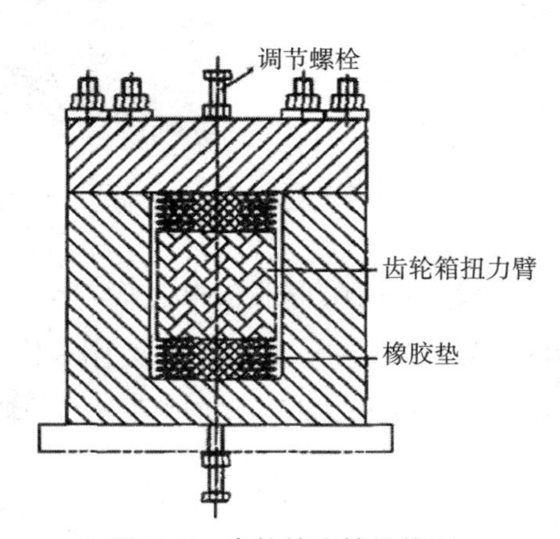

图 5-6　齿轮箱支撑结构图

在这种结构的传动系统中，齿轮箱的重量主要由低速轴来承担，减振支撑主要承受低速轴传递的扭转载荷。依据齿轮箱载荷的特点，如果减振支撑的垂向刚度大，则扭转刚度大；其他方向的刚度应尽量小。

在齿轮箱的支撑两端各有一个调节装置，通过调整螺栓可实现对齿轮箱安装高度的微调，以避免系统出现过约束，使齿轮箱与主轴连接处受附加弯矩的作用；同时，也可以调整减振支撑整体的刚度性能，以实现产品的变刚度设计。

根据风力发电机组齿轮箱的工况与所承受载荷的不同，可以调整橡胶的硬度和预压缩量。这种齿轮箱弹性支撑具有出色的阻尼和减振性能，可大大减少结构噪声的传递。其承载大且安装方法简单，更换方便。

3. 液体复合齿轮箱减振支撑

液体复合齿轮箱减振支撑既可用于三点支撑系统中，也可以用于四点支撑系统当中。液压减振支撑是在叠簧式减振支撑的基础上，并结合液体流动时优良的阻尼特性而发展起来的。这种减振支撑的橡胶弹性体的外形结构和叠簧式减振支撑类似，采用金属橡胶复合结构，内部设有压力膜（橡胶）、腔体、密封机构、液压管路等，见图 5-7。

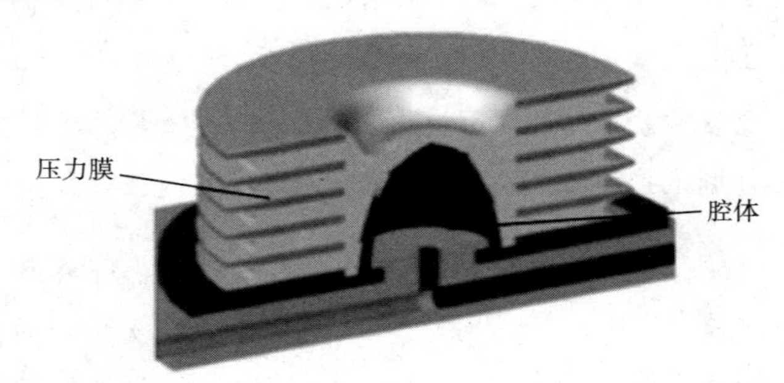

图 5-7　弹性体的截面图

齿轮箱一侧的减振支撑上弹性体与另一侧减振支撑的下弹性体通过液压油管连接在一起，见图 5-8。当齿轮箱发生振动，齿轮箱支撑受载其腔体的体积发生变化，液体在上、下腔体之间流动产生阻尼，消耗振动能量，达到衰减振动的目的。

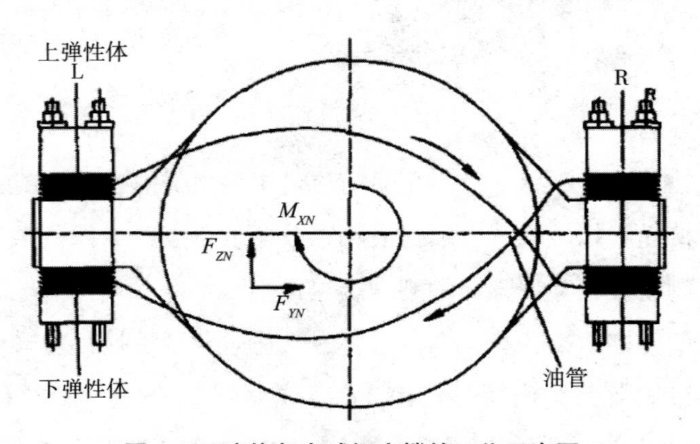

图 5-8　液体复合减振支撑的工作示意图

液体复合减振支撑在正常工作状态下，当齿轮箱受扭转载荷时，左侧上弹性支撑和右侧下弹性支撑同时承载，两橡胶弹性体的体积同时压缩，腔体体积减小，管内压力急剧增加，从而导致扭转刚度也随之大幅增加。当齿轮箱受垂向载荷时，左右两侧的上弹性体同时承载，两下弹性体同时卸载，因此两上弹性体的液体流向下弹性体，主要通过橡胶的垂向变形来承载，从而垂向刚度较小。当齿轮箱受水平载荷时，则主要是通过橡胶的剪切变形来承载，因此产品水平方向的刚度非常小。液体复合减振支撑三个方向的刚度性能曲线见图 5-9，正是由于液体复合减振支撑这种独有的刚度特性，因此在大功率风力发电机组中得到了广泛的应用。

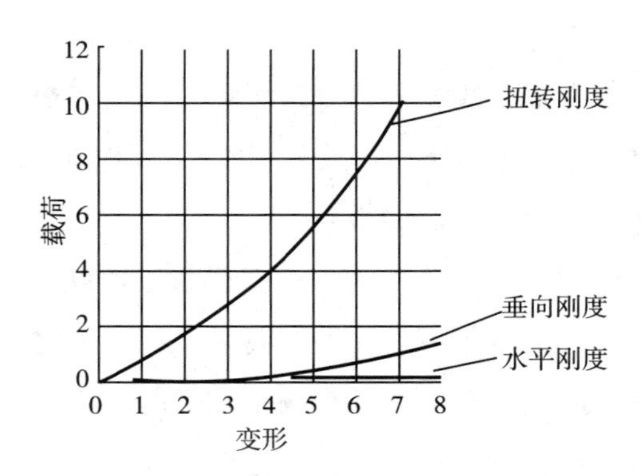

图 5-9　液体复合减振支撑的性能曲线图

与叠簧式齿轮箱减振支撑的性能相比，在获得相同的扭转刚度的情况下，液体复合减振支撑的垂向刚度小，从而可以大大减少由于安装所产生的过约束对系统的影响，这种减振支撑也是齿轮箱减振系统的发展方向，具有非常广阔的前景。

第二节　齿轮箱的调整

一、齿轮箱轴与叶轮轴介绍

轴的主要功能是承受弯矩和传递扭矩。为实现以上功能并保证使用寿命，要求轴的滑动表面及配合表面硬度高，芯部韧性好。

1. 轴的材料与结构

为了提高承载能力，轴的材料应在强度、塑性、韧性等方面具有较好的综合机械性能，一般都采用中碳钢和合金钢制造。如 40、45、50、40 Cr、50 Cr、42 CrMoA 等。常用的热处理方法为进行调质，而在重要部位（例如滑动表面、重载轴肩）作淬火处理。要求较高时，可采用 20 CrMnMo、20 CrMnTi、20 Cr Ni2MoA、20 MnCr5、20 CrMo、17 Cr2Ni2MoA、17 CrNi5、16 CrNi、15 Cr2Ni2 等优质低碳合金钢，进行渗碳淬火处理，或 42 CrMoA、34 Cr2Ni2MoA 等中碳合金钢表面淬火处理，以获取较高的表面硬度和心部韧性。

为了获得良好的锻造组织纤维结构和相应的力学特征，轴的毛坯必须使用锻造方法制造。同时，须采取合理的预热处理，以及中间和最终热处理工艺，以保证材料的综合机械性能达到设计要求。带法兰盘的大型轴毛坯也可通过铸钢工艺获得，但必须有理化性能合格的试验报告。

风力发电机叶轮轴的特点是尺寸大。长度在两三米以上、法兰盘直径一般为轴长度的二分之一左右，前轴径大约为法兰盘直径的三分之一，后轴径大约为法兰盘直径的五分之一。叶轮轴轴向设计出一个较大的锥度，既符合承受弯矩的需要，同时又可以节省材料、减轻重量。大尺寸轴的特点是空心轴多，空心轴抗疲劳性能好，轴孔中可用来安装其他设备。叶轮轴的结构，见图 5-10。

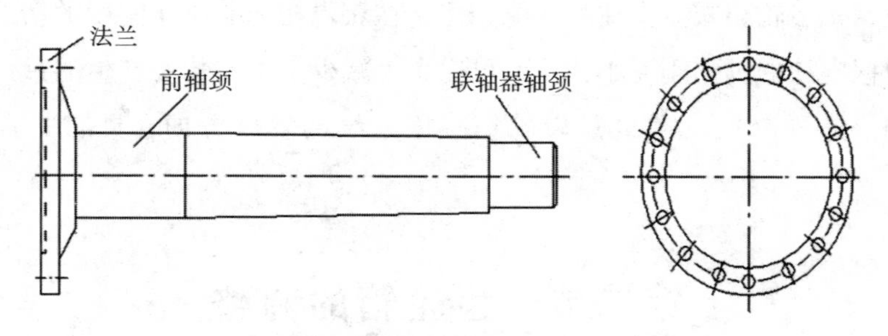

图 5-10　一种叶轮轴的结构图

轴类零件的加工为了减少应力集中，对轴上台肩处的过渡圆角、花键等较大轴径过渡部分，均应做必要的处理，例如抛光，以提高轴的疲劳强度。在过盈配合处，为减少轮毂边缘的应力集中，压合处的轴径应比相邻部分轴径加大 5%，或在轮毂上开出卸荷槽。

轴类零件的加工为了减少应力集中，对轴上台肩处的过渡圆角、花键等较大轴径过渡部分，均应做必要的处理，以提高轴的疲劳强度。在过盈配合处，为减少轮毂边缘的应力集中，压合处的轴径应比相邻部分轴径加大5%，或在轮毂上开出卸荷槽。

2. 轴类零件的加工

（1）轴类零件的粗加工

轴类零件采用锻造方法制取毛坯，可获得良好的锻造组织纤维和相应的力学性能。其力学性能应符合《合金结构钢技术条件》GB/T 3077、《大型齿轮、齿圈锻件技术条件》JB/T 6395、《大型合金钢锻件技术条件》JB/T 6396的规定。合理的预热处理，以及中间和最终热处理工艺，可保证材料的综合机械性能达到设计要求。

（2）轴类零件的机加工

轴类零件使用普通车床或数控车床进行机械加工。然后，加工键槽及法兰孔等部位。

（3）轴类零件的热处理

滑动表面的轴若使用中碳钢或中碳合金钢应进行表面淬火，表面淬火应优先选用高频淬火工艺。感应高频淬火后的硬度为HRC50～HRC56，淬硬层的深度不应小于轴颈尺寸的2%。若使用低碳钢或低碳合金钢，应进行渗碳处理。渗碳层的深度不应小轴颈尺寸的2%。淬火后的硬度为HRC58～HRC62。

细长轴在热处理时要采取措施，防止热处理变形。要求加热应使用井式炉，采用悬吊方式加热，垂直淬火工艺。调质高温回火时，也应如此。

（4）轴类零件的精加工

轴类零件的热处理后，轴上各个配合部分的轴颈需要进行磨削加工，以修正热处理变形。同时，轴颈等尺寸要达到配合精度的要求。

二、齿轮箱的结构

1. 齿轮箱的分类

齿轮箱按用途可分为减速箱和增速箱。风力发电机主传动链上使用的是增速箱，偏航系统与变桨距系统使用的是减速箱。

齿轮箱按内部传动连结构可分为以下三个部分。

（1）圆柱结构齿轮箱

圆柱齿轮箱一级的传动比比较小，多级可获得大的速比，但体积较大。圆柱结构齿轮箱的输入轴和输出轴是平行轴，不在一条直线上。圆柱齿轮箱的噪声较大。研究发现，当圆柱齿轮传动速比为2.9时，齿轮箱的体积最小。但当速比上升到4.3或下降到2.1时，体积只增加10%。这对我们选定齿轮箱的结构具有指导意义。

（2）行星结构齿轮箱

行星齿轮箱是由一圈安装在行星架上的行星轮与内侧的太阳轮和外侧与其啮合的齿圈组成。太阳轮和行星轮是外齿轮，而齿圈是内侧齿轮，它的齿开在里面。一般情况下，不是内齿圈就是太阳轮被固定、但是如果内齿圈被固定的话，轮系的速比就比较大。行星齿轮箱结构比较复杂，但是由于载荷被行星轮平均分担减小了每一个齿轮的载荷，所以传递相同功率。行星齿轮箱比圆柱齿轮箱体积小得多。由于内齿圈与行星齿之间减少了滑动，使其传动效率高于圆柱齿轮箱。行星齿轮箱的噪声也比较小。

（3）圆柱与行星混合结构齿轮箱

圆柱与行星混合结构齿轮箱是综合圆柱齿轮与行星齿轮传动的优点而制造的多级齿轮箱。风力发电机使用它的目的是为了缩小体积、减轻重量、提高承载能力和降低成本。

2. 风力发电机组专用齿轮箱

对于大功率的风力发电机，叶轮的最高旋转速度在17 r/min～48 r/min，驱动转速为1500 r/min的发电机，齿轮箱的增速比在1∶31～1∶88。为了使大齿轮与小齿轮的寿命相近，一般每级齿轮传动的速比在1∶3～1∶5之间，也就是说应该用2级～3级齿轮传动来实现。风力发电机组主传动专用齿轮箱的主要结构型式有：行星架输入一级行星二级平行轴的结构齿轮箱，行星架输入二级行星一级平行轴的结构齿轮箱，齿圈输入二级行星一级平行轴的结构齿轮箱。下面我们介绍一下风力发电机组常用增速齿轮箱的传动关系。

（1）行星架输入一级行星二级平行轴的结构齿轮箱的结构示意图，见图5-11。

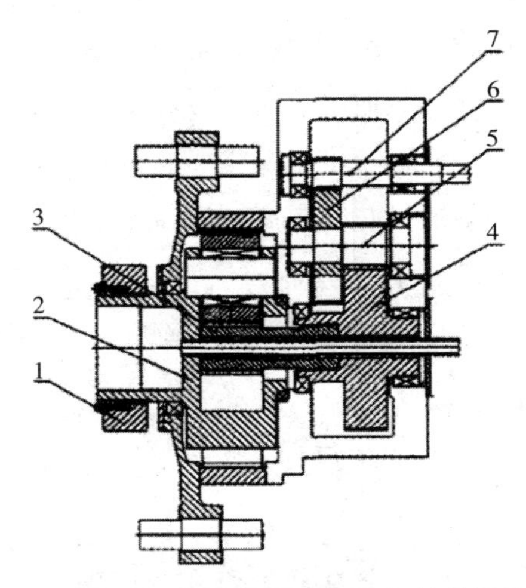

图 5-11　行星架输入一级行星二级平行轴的结构齿轮箱

1- 锁紧盘；2- 行星架；3- 太阳轴；4- 低速轴；5- 中间级轴；6- 中间级齿轮；7- 输入级齿轮轴

齿轮箱由一级行星齿轮传动和二级平行轴圆柱齿轮传动组成。主轴通过锁紧盘与齿轮箱行星架连接，通过行星架运动来带动太阳轮轴转动。太阳轮轴通过花键与低速轴齿轮连接来带动低速轴转动。低速轴齿轮带动中间级轴转动，中间级齿轮与输入级齿轮轴啮合，从而实现齿轮箱的增速运动。

目前，应用较广的机组传动结构的常用功率在 2 MW 以下，其结构简单。

（2）行星架输入二级行星一级平行轴的结构齿轮箱的结构示意，见图 5-12。

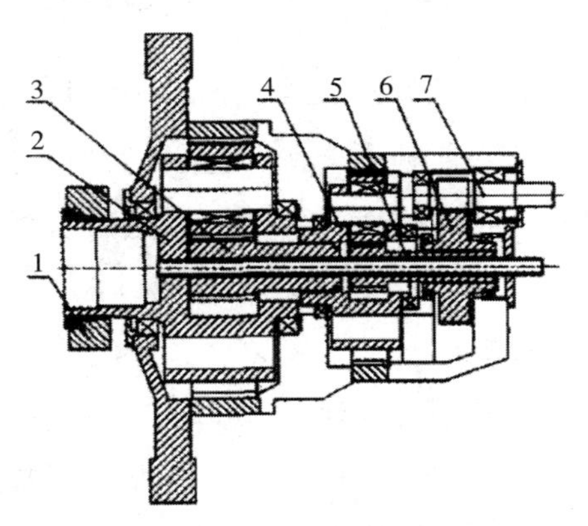

图 5-12　行星架输入二级行星一级平行轴的结构齿轮箱

1- 锁紧盘；2. 行星架；3- 太阳轴；4- 中间级行星架；

5- 中间级太阳轮轴；6- 高速级齿轮；7- 输入级齿轮轴

齿轮箱由二级行星齿轮传动和一级平行轴圆柱齿轮传动组成。主轴通过锁紧盘与齿轮箱输入级行星架连接，通过行星架运动来带动输入级太阳轮轴转动。输入级太阳轮轴通过花键与中间级行星架连接，通过行星架运动，带动中间级太阳轮轴转动。中间级太阳轮轴通过花键与高速级齿轮连接。高速级齿轮与输入级齿轮轴啮合，从而实现齿轮箱的增速运动。

目前，应用较广的机组传动结构的常用功率在 1.5~6 MW 之间，速比大、体积小、重量轻。

（3）齿圈输入二级行星一级平行轴的结构齿轮箱的结构示意，见图 5-13。

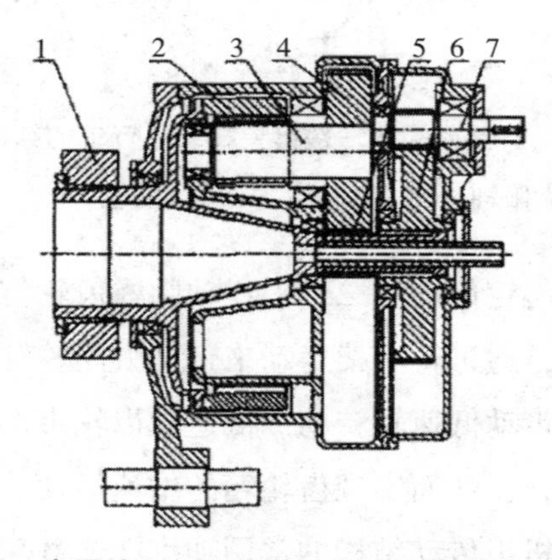

图 5-13　齿圈输入二级行星一级平行轴的结构齿轮箱

1- 锁紧盘；2- 内齿圈；3- 行星轮轴；4- 行星轮；5- 太阳轮轴；6- 平行轴齿轮；7- 输入级齿轮轴

风电齿轮箱采用内齿圈旋转的行星结构。主轴通过锁紧盘与内齿圈联接，内齿圈驱动行星轮轴旋转。行星轮轴上装有行星轮，由它将扭矩传给太阳轴，从而完成行星级的输出。然后，再通过太阳轮轴上的花键带动一级平行轴齿轮传动，实现高速轴的输出。

风电齿轮箱的常用功率在 1.5~6 MW 之间，速比大、体积小、重量轻。

齿轮箱在设计时，需设置能观察到齿轮箱内部的齿轮、轴承的观察孔。为了拆装、检修方便，齿轮箱不用吊出，就能开盖检查，并进行维修和更换零部件。行星齿轮应采用浮动均载，同时拆卸、装配方便，一般问题在机舱内就能解决。

除了风力发电机组主传动用增速齿轮箱外，机组的变桨距系统、偏航系统、塔架电梯和机舱起重机都使用减速齿轮箱。这些齿轮箱功率较小，属于齿轮箱厂已大批量生产的通用机械部件，直接向齿轮箱厂订货即可。

三、齿轮箱与叶轮轴的装配

1. 齿轮箱和叶轮轴的装配技术要求

（1）齿轮箱和叶轮轴的零件经检验合格后方可进行装配。装配前，应将零件仔细清洗干净。

（2）装配时，应严格按照图纸要求检查规定的轴向间隙。轴承内端面应紧贴轴肩或定距环，用0.05 mm塞尺检查不应通过。

（3）按规定或图纸要求调整轴承间隙。

（4）装配后行星轮与行星架、行星轮与内齿圈均应打上啮合位置标记。

（5）按图纸要求检查齿轮副的最小侧隙及接触斑点。

（6）紧固螺栓应按规定的预紧力拧紧。加预紧力的方式可用扭力板手加预紧力矩加载，也可以用液压式螺栓拉伸器按轴向力加载。

2. 齿轮与轴的联接

装在轴上的零件，轴向固定应可靠，工作载荷应尽可能用轴上的止推轴肩来承受，相反方向的固定则可利用螺帽或其他紧固件。为防止螺纹松动，可使用止动垫圈、双螺帽垫圈、锁止螺钉或串联铁丝等。有时为了节省空间、简化结构，也可以用弹簧挡圈代替螺帽和止动垫圈，但不能将其用于轴向负荷过大的地方。

齿轮与轴的联接主要有以下四种方式。

（1）平键联接

常用于具有过渡配合的齿轮或联轴器与轴的联接。这种连接方式的加工方法简单，但容易出现微小偏心。虽然承载能力稍差，但可以用在轴上原键槽对面位置再加工一条键槽的办法以提高其承载能力。平键联接若使用过盈配合可消除偏心，提高承载能力。热装或冷装是无损获得平键连接的最好方法。

（2）花键联接

通常这种联接是没有过盈的，因而被联接零件需要轴向固定。花键联接承载能力高，对中性好，但制造成本高，需用专用刀具加工。太大的轴加工花键比较困难。

（3）过盈配合联接

利用零件间的过盈配合形成的联接，其配合表面为圆柱面或圆锥面（锥度可取1：30~1：8）。圆锥面过盈联接多用于载荷较大，需多次装拆的场合。过盈配合连接能使轴和齿轮（或联轴节）具有更好的对中性。特别是在经常出现冲击载荷的情况下，这种连接能可靠地工作，在风力发电机组齿轮箱中得到了广泛的应用。当锥度较大时，这种连接需要使用螺栓提供轴向预紧力。

（4）胀紧套联接

利用轴、孔与锥形弹性套之间接触面上产生的摩擦力来传递动力，是一种无键连接方式其定心性好，装拆方便，承载能力高，能沿周向和轴向调节轴与轮毂的相对位置，且具有安全保护作用。国家标准 GB　5867 对其所推荐的四种胀紧套的结构形式和基本尺寸作了详细的规定。胀紧套的安装需要使用专门的液压工具。

3. 轴承的安装

在轴承安装前，应确认轴承的型号及精度等级正确，并将轴承清洗干净。对开孔轴承安装时，应先将轴承套装在轴上，然后打开轴承孔接合面将轴承装入孔中，使用调整箱体或轴承盖接合面所垫密封圈或垫片厚度的方式，调整轴承外圈的压紧程度。

轴承在轴上的安装一般采用热装法，使用高频感应加热或加热箱加热的方法。先将轴承放入加热箱中，待轴承温度达到 120 ℃ ~ 160 ℃时，利用热膨胀将轴承轻松地套到轴上。高频感应加热只加热轴承内圈，待轴承内圈达到温度 120 ℃ ~ 160 ℃时，利用热膨胀将轴承轻松地套到轴上。

轴承或轴向孔中的安装可以采用冷装法. 先将轴承放入−60 ℃ ~ −80 ℃的冷冻箱中，待轴承温度达到−60 ℃ ~ −80 ℃时，利用冷收缩将轴承轻松推入轴承孔中。也可使用高频感应淬火加热的方法，只加热内孔. 待内孔热膨胀后，即可将轴承轻松装进孔中。不论热装法还是冷装法，当装配件回到常温以后，都可以在无损伤的情况下获得良好的过盈配合。

已装入孔中的轴承再安装轴时，可将轴冷冻使其收缩，然后再装入轴承孔中。也可使用专用的高频感应电加热器，放入轴承内圈加热。待其热涨后，再将轴装入轴承内圈。

有条件的地方，也可使用压力机进行轴承的压装。但决不允许使用大锤砸入的方法进行轴承的安装。因为用这种方法在轴承装入的同时，轴承精度已被破坏。

4. 齿轮箱整体的安装

轴、齿轮、轴承安装后，应进行润滑系统的安装。把油管、油泵、滤网等按图纸要求就位。然后，再安装监控系统的油位计和各种传感器，并装上放油塞。将齿轮箱内清理干净，检查各零件装配位置及关系是否正确。若发现问题，应马上解决。

齿轮箱安装后用人工盘动应灵活、无卡滞现象。齿面接触斑点应达到技术条件的要求。按照说明书的要求加注规定的机油达到油标刻度线，并在正式使用之前空载运转。此时，可以利用电机带动齿轮箱。经检查齿轮箱运转平稳，无冲击振动和异常噪音，润滑情况良好，且各处密封和结合面不漏油时，才能送交出厂检验。

5. 齿轮箱的润滑、监控、使用和维护

（1）齿轮箱和叶轮轴的润滑系统

润滑系统的功能是在齿轮和轴承的转动部位上保持一层油膜使表面点蚀、磨损、黏连和胶合最小。润滑系统设计与工作的优劣直接关系到齿轮箱的可靠性和寿命。

①润滑的作用

齿轮箱和叶轮轴的润滑十分重要，良好的润滑能够对齿轮和轴承起到足够的保护作用。用润滑油润滑齿轮和轴承的运动表面，可以达到减少摩擦、降低接触应力、减少磨损、降低运动表面温度的目的。为此，必须高度重视齿轮箱和叶轮轴的润滑问题，严格按照规范保持润滑系统长期处于最佳状态。因此，配备可靠的润滑系统尤为重要。

②润滑系统的组成

齿轮箱常采用飞溅润滑或强制润滑。飞溅润滑方式具有结构简单、箱体内无压力和渗漏现象较少等特点。但是个别润滑点可能会因为油位偏低或冬季低温润滑油黏度增大，飞溅效果减弱而发生润滑不良的现象。强制润滑方式，结构相对复杂。润滑管路由于存在压力，关键润滑点都有可靠润滑，且油泵强制循环有利于齿轮油热量均匀和快速传递，但是产生渗漏的概率也随之增大。

风力发电机组齿轮箱的润滑多为强制润滑系统，设置有油泵和过滤器。下箱体作为油箱使用，油泵从箱体吸油口抽油后，经过过滤器输送到齿轮箱的润滑管路，通过管系将油送往齿轮箱的轴承、齿轮等各个润滑部位。管路上装有各种监控装置，确保齿轮箱在运转当中不会出现断油。此外，管路上还配备有电加热器和制冷降温系统。

对于两种不同的润滑方式，主要取决于齿轮箱设计结构的需要。但是，在寒冷地区，采用飞溅润滑方式更应当注意润滑油的加热问题，并加强油位监测。对没有润滑油过滤装置的机组，还应当根据现场情况考虑加装过滤装置或定期滤油，以提高齿轮箱运行的可靠性。

在齿轮箱运转前，先启动润滑油泵，待各个润滑点都得到润滑后，间隔一段时间方可启动风力发电机组。当环境温度较低时，例如小于 10 ℃时，须先接通电热器加热机油，达到预定温度后再投入运行。若油温高于设定温度（一般为 65 ℃），机组控制系统将使润滑油进入系统的冷却管路，经冷却器冷却降温后再进入齿轮箱。管路中还装有压力传感器和油位传感器，以监控润滑油的正常供应。

③润滑油

不同类型的传动有不同的要求。风力发电机组齿轮箱属于闭式齿轮传动类型，其主要的失效形式是胶合与点蚀。所以在选择润滑油时，重点是保证有足够的油膜厚度和边界膜强度。因为在较大的温差下工作，要求黏度指数相对较高。为提高齿轮的承载能力和抗冲击能力，适当地添加一些极压添加剂也有必要。但添加剂有一些副作用，在选择时必须慎重。齿轮箱制造厂一般根据自己的经验或实验研究推荐各种不同的润滑油，例如，MOBIL632、MOBIL630 或 L-CKC320、L-CKC220。可根据齿面接触应力和使用环境条件按照国标 GB 5903 进行选用的。

在齿轮箱运行期间，要定期检查运行状况：查看运转是否平稳；有无振动或异常噪音；各处连接和管路有无渗漏，接头有无松动；油温是否正常。此外，还要定期更换润滑油。第一次换油应在首次投入运行 500 小时后进行，以后的换油周期为每运行 5000~10000 小时。在运行过程中，也要注意箱体内油质的变化情况，定期取样化验。若油质发生变化，氧化生成物过多并超过一定比例时，就应及时更换。

齿轮箱应每半年检修一次，备件应按照正规图纸制造。更换新备件后的齿轮箱，其齿轮啮合情况应符合技术条件的规定，并经过试运转与负荷试验后再正式使用。

润滑油的牌号、质量，主要是理化性能指标必须满足齿轮箱的设计要求。实际使用的润滑油应满足以下要求。

①减小摩擦和磨损，具有高的承载能力，防止胶合。

②吸收冲击和振动。

③防止疲劳点蚀。

④冷却、防锈、抗腐蚀。

（2）齿轮箱和叶轮轴的润滑系统

近年来，随着风电机组单机容量的不断增大，以及风电机组的投入运行时间的逐渐累积，由齿轮箱故障或损坏引起的机组停运事件时有发生。由此带来的直接和间接损失也越来越大，维护人员投入维修的工作量也有上升趋势。这就促使越来越多的用户开始重视加强齿轮箱的日常监测和定期保养工作。

在风力发电机组中，齿轮箱是重要的部件之一，必须正确使用和维护，以延长其使用寿命。齿轮箱主动轴与叶轮轴和叶片轮毂的连接必须紧固可靠。输出轴若直接与电机连接时，应采用合适的联轴器，最好是弹性联轴器，并应串接起保护作用的安全装置。齿轮箱轴线与相连接部分的轴线应保证同心，其误差不得大于所选用联轴器的允许值。

①日常保养维护

风电机组齿轮箱的日常保养内容主要包括：设备外观检查、润滑油位检查、电气接线检查等。

具体工作包括：运行人员登机工作时，应对齿轮箱箱体表面进行清洁，检查箱体及润滑管路有无渗漏现象，外敷的润滑管路有无松动。由于风电机组振动较大，如果外敷管路固定不良将导致管路磨损、管路接头密封损坏甚至管路断裂。此外，还要注意箱底放油阀有无松动和渗漏，避免放油阀松动和渗漏导致的齿轮油大量外泄。

通过油位标尺或油位窗检查润滑油油位和油色是否正常。如发现油位偏低，应及时补充。若发现油色明显变深发黑时，应考虑进行油质检验，并加强对机组的运行监视。遇有滤清器堵塞报警时，应及时检查处理。在更换滤芯时，应彻底清洗滤清器内部。有条件的话，最好将滤清器总成拆下，并在车间进行清洗、检查。安装滤清器外壳时，应注意对正螺纹，均匀用力，避免损伤螺纹和密封圈。

检查齿轮箱油位、温度、压力、压差、轴承温度等传感器和加热器、散热器的接线是否正常，导线有无磨损。在日常巡视检查时，还应当注意机组的噪音有无异常，及时发现故障隐患。

②定期保养维护

风电机组定期保养维护内容主要包括：齿轮箱连接螺栓的力矩检查、齿轮啮合及齿面磨损情况检查、传感器功能测试、润滑及散热系统功能检查、定期更换齿轮油滤清器，油样采集等。有条件时，可借助有关工业检测设备对齿轮箱运行状态的振动及噪音等指标进行检测分析，以期更全面地掌握齿轮箱的工作状态。

根据风电机组运行维护手册，不同的厂家对齿轮油的采样周期也不尽相同。一般要求每年采样一次，或者齿轮油使用两年后采样一次。对于发现运行状态异常的齿轮箱，根据需要，随时采集油样。齿轮油的使用年限一般为3~4年。由于齿轮箱的运行温度、年运行小时和峰值出力等运行情况不尽相同，在不同的运行环境下，笼统地以时间为限作为齿轮油更换的条件，不一定能够保证齿轮箱经济、安全地运行。这就要求运行人员平时注意收集整理机组的各项运行数据，对比分析油品化验结果的各项参数指标，找出更加符合自己电场运行特点的油品更换周期。

在油品采样时，考虑到样品份数的限制，一般选取运行状态较恶劣的机组（如故障率较高、出力峰值较高、齿轮箱运行温度较高、滤清器更换较频繁）作为采样对象。根据油品检验结果，分析齿轮箱的工作状态是否正常，润滑油性能是否满足设备正常运行需要，并参照风电机组维护手册规定的油品更换周期，综合分析决定是否需要更换齿轮油。油品更换前，可根据实际情况选用专用清洗添加剂。更换时，应将旧油彻底排干，清除油污，并用新油清洗齿轮箱，对箱底装有磁性元件的，还应清洗磁性元件，检查吸附的金属杂质情况。加油时，按用户使用手册要求进行油量加注，避免油位过高，导致输出轴油时因回油不畅而发生渗漏。

（3）齿轮箱常见故障与维修

齿轮箱的常见故障有润滑油泵过载、润滑油油位低、润滑油压力低、渗漏油、油温高、齿轮损伤、轴承损坏和断轴等。

①润滑油泵过载

常见故障的原因：润滑油泵过载多发生在冬季低温的气象条件下。当由于风电机组故障而导致长期停机后，齿轮箱温度下降较多，润滑油黏度增加，造成油泵启动时负载较重，从而导致油泵电机过载。这也可能是由于油温传感器或电加热器电路出现故障引发的问题。

检修方法：出现该故障后，首先要排除油温传感器或电加热器电路出现的故障。然后，使机组处于待机状态下，逐步加热润滑油至正常值后，再启动风力发电机组。严禁强制启动风电机组，以免因齿轮油黏度较大造成润滑不良，损坏齿面或轴承、烧毁油泵电机和润滑系统的其他部件（如滤清器密封圈损坏）。

润滑油泵过载的另一常见原因是，部分使用年限较长的机组，油泵电机输出轴油封老化，导致润滑油进入接线端子盒造成端子接触不良，三相电流不平衡，出现油泵过载故障。更严重的情况是，润滑油甚至会大量进入油泵电机绕组，破坏绕组气隙，造成油泵过载。出现上述情况后，应更换油封，清洗接线端子盒及电机绕组，并加温干燥后重新恢复运行。

②润滑油油位低

常见故障原因：润滑油油位低是由于润滑油低于油位下限，磁浮子开关动作停机造成故障；或油位传感器电路出现故障。

检修方法：风电机组发生该类故障后，运行人员应及时到现场仔细地检查润滑油油位，必要时测试传感器功能。不允许盲目复位开机，避免润滑条件不良而损坏齿轮箱。同时，避免齿轮箱有明显泄漏点，导致开机后有更多的齿轮油外泄。

在冬季低温工况下，油位开关可能会因齿轮油黏度太高而动作迟缓，产生误报故障。因此有些型号的风电机组在温度较低时就将油位低信号降级为报警信号，而不是停机信号。出现这种情况也应认真对待，根据实际情况作出正确的判断，以免造成不必要的经济损失。

③润滑油压力低

常见故障原因：润滑油压力低是由于齿轮箱强制润滑系统工作压力低于正常值而导致压力开关动作，也可能是因为油管不通畅，或因为油压传感器电路故障及油泵严重磨损。

检修方法：故障原因多是因油泵本身工作异常或润滑管路堵塞而引起。但若油泵排量选择不准（维修更换后）且油位偏低，在油温较高且润滑油黏度较低的时也会出现该类故障。有些使用年限较长的风电机组因为压力开关老化，整定值发生偏移同样也会导致该类故障。这时就需要在压力试验台上重新调定压力开关动作值。应先排除油压传感器电路故障。油泵严重磨损严重时，必须更换新油泵。找出不通畅油管，对其进行清洗。

④齿轮箱油温高

齿轮箱油温最高不得超过 80 ℃，不同轴承间的温差不得超过 15 ℃。一般的齿轮箱都设置有冷却器和加热器。当油温底于 10 ℃时，加热器会自动对油池进行加热；当油温高于 65 ℃时，油路会自动进入冷却器管路，经冷却降温后再进入润滑油路。油温高极易造成齿轮和轴承的损坏，必须高度重视。

常见故障原因：齿轮油温度过高，一般是因为风电机组长时间处于满发状态，润滑油因齿轮箱发热而温度上升超过正常值。测量观察发现机组满发运行状态机舱内的温度与外界环境温度最高可相差 25 ℃左右。若温差太大，可能会造成温度传感器故障，也可能是油冷却系统出了问题。

检修方法：当出现温度接近齿轮箱工作温度上限的现象时，应敞开塔架大门，增强通风，降低机舱温度，改善齿轮箱的工作环境温度。若发生由于温度过高而导致停机，不应进行人工干预，而应使机组自行循环散热至正常值后启动。有条件时，应观察齿轮箱温度变化过程是否正常、连续，以判断温度传感器工作是否正常。如齿轮箱出现异常高温现象，则要仔细观察，判断发生故障的原因。首先，要检查润滑油供应是否充分。特别是在各主要润滑点处，必须要有足够的油液润滑和冷却。其次，要检查各传动零部件有无卡滞现象。还要检查机组的振动情况，以及传动连接有无松动等。同时，还要检查油冷却系统工作是否正常。

若在一定时间内，齿轮箱温升较快，且连续出现油温过高的现象，应首先登机检查散热系统和润滑系统工作是否正常，温度传感器测量是否准确。然后，进一步检查齿轮箱工作状况是否正常，尽可能找出明显发热的部位，初步判断损坏部位。必要时，开启观察孔检查齿轮啮合情况，或拆卸滤清器检查有无金属杂质，并采集油样，为分析判断设备损坏的原因搜集资料。

正常情况下，很少发生润滑油温度过高的故障。若发生油温过高的现象，应引起操作人员的高度重视。在未找到温度异常原因之前，避免盲目开机使故障范围扩大而造成不必要的经济损失。在风电机组的日常运行中，应观察比较齿轮箱的运行温度，对维护人员及时、准确地掌握齿轮箱的运行状态有较为重要的意义。

⑤齿轮损坏

导致齿轮损坏的因素很多，包括选材、设计计算、加工、热处理、安装调试、润滑和使用维护等。常见的齿轮损坏有轮齿折断和齿面损伤两类。

a. 轮齿折断（断齿）

断齿常由细微裂纹逐步扩展而成。根据裂纹扩展的情况和断齿的原因，可将断齿分为过载折断（包括冲击折断）、疲劳折断和随机断裂等。

过载折断是由于作用在轮齿上的应力超过其极限应力，导致裂纹迅速扩展。常见的原因有，突然性的冲击超载、轴承损坏、轴弯曲或较大硬物挤入啮合区等。断齿断口有呈放射状花样的裂纹扩展区。有时，断口处有平整的塑性变形，断口副常可拼合。仔细检查可看到材质的缺陷，例如齿面精度太差、轮齿根部未作精细处理等。在设计中，应采取必要的措施，充分考虑预防过载因素。安装时，要防止箱体变形，防止硬质异物进入箱体内等。

疲劳折断发生的根本原因是，轮齿在过高的交变应力重复作用下，从危险截面（如齿根）的疲劳源开始的疲劳裂纹不断扩展，使齿轮剩余截面上的应力超过其极限应力，造成瞬时折断。在疲劳折断的起始处，是贝状纹扩展的出发点并向外辐射。产生的原因是，设计载荷估计不足，材料选用不当，齿轮精度过低，热处理裂纹，磨削烧伤，齿根应力集中等。所以在设计时，要充分考虑传动的动载荷谱，优选齿轮参数，正确选用材料和齿轮精度，以充分保证加工精度，消除应力集中因素等。

随机断裂的原因通常是材料缺陷，点蚀、剥落或其他应力集中造成的局部应力过大，或较大的硬质异物落入啮合区等。

b. 齿面疲劳

齿面疲劳是在过大的接触剪应力和应力循环次数作用下，轮齿表面或其表层下面产生疲劳裂纹并进一步扩展而造成的齿面损伤。其表现形式有早期点蚀、破坏性点蚀、齿面剥落和表面压碎等。特别是破坏性点蚀，常在齿轮啮合线部位出现并且不断扩展，使齿面严重损伤，磨损加大，最终导致断齿失效。正确进行齿轮强度设计，选择好材质并保证热处理质量，选择合适的精度配合，提高安装精度，改善润滑条件等，是解决齿面疲劳的根本措施。

c. 胶合

胶合是相啮合齿面在啮合处的边界润滑膜受到破坏，导致接触齿面金属融焊而撕落齿面上的金属的现象。它一般是由于润滑条件不好或齿侧间隙太小有干涉引起的。适当改善润滑条件和及时排除干涉起因，调整传动件的参数，清除局部载荷集中，可减轻或消除胶合现象。

⑥轴承损坏

轴承是齿轮箱中最为重要的零件，其失效常常会引起齿轮箱灾难性的破坏。轴承在运转过程中，轴承套圈与滚动体表面之间经受交变负荷的反复作用，由于安装、润滑、维护等方面的原因，而产生点蚀、裂纹、表面剥落等缺陷，使轴承失效，从而使齿轮副和箱体产生损坏。据统计，在影响轴承失效的众多因素中，属于安装方面的原因占16%，属于污染方面的原因也占16%，而属于润滑和疲劳方面的原因各占34%。使用中，70%以上的轴承达不到预定寿命。

所以重视轴承的设计选型，充分保证润滑条件，按照规范进行安装调试，加强对轴承运转的监控是非常重要的。通常会在齿轮箱上设置轴承温度传感器，对轴承异常高温现象进行监控。同一箱体上不同轴承之间的温差一般也不超过15℃，要随时随地检查润滑油的变化，发现异常立即停机处理。

⑦断轴

断轴也是齿轮箱常见的重大故障。其原因是轴在制造过程中没有消除应力集中的因素，在过载或交变应力的作用下，超出了材料的疲劳极限所致。因此对轴上易产生的应力集中因素应高度重视，特别是在不同轴径过渡区要有圆滑的圆弧连接，此处的光洁度要求较高，也不允许有切削刀具刃尖的痕迹。设计时，轴的强度应足够，轴上的键槽、花键等结构不能过分降低轴的强度。保证相关零件的刚度，防止轴的变形，也是提高轴的可靠性的必要措施。

复习思考题

1. 简述风力发电机组轴类零件的加工方法。
2. 简述风力发电机组专用齿轮箱分类。
3. 简述风力发电机组齿轮箱弹性支撑的分类。
4. 简述风力发电机组齿轮与轴的连接方式。
5. 简述常见的几种齿轮损坏形式。

第六章　偏航系统的安装与调整

学习目的：

1. 了解偏航系统各传感器的作用和安装方法。
2. 了解接近开关与偏航齿圈齿顶之间距离的调整方法。
3. 了解偏航系统噪声产生的原因及其故障的排除方法。

第一节　偏航系统的安装

一、偏航系统解缆和纽缆保护介绍

1. 偏航系统解缆和纽缆保护装置的作用

解缆和扭缆保护是风力发电机组的偏航系统所必须具有的主要功能。机组的偏航动作会导致机舱和塔架之间的连接电缆发生扭绞，因此在偏航系统中，应设置与方向有关的技术装置或类似的程序对电缆的扭绞程度进行检测。传感器或行程计数装置能自动记录电缆的扭绞角度。当机舱回转角度达到设定值时，向偏航系统发出解缆指令解缆。一般对于主动偏航系统来说，检测装置或类似的程序应在电缆达到规定的扭绞角度之前发出解缆信号。对于被动偏航系统，检测装置或类似的程序应在电缆达到危险的扭绞角度之前禁止机舱继续同向旋转，并发出进行人工解缆的指令。

扭缆保护装置是出于保护机组的目的而安装在偏航系统中的，其控制逻辑应具有最高级别的权限。在偏航系统的偏航动作失效后，电缆的扭绞会达到威胁机组安全运行的程度。一旦触发这个装置，则风力发电机组必须紧急停机。

由电缆限扭开关设置的偏航位移要比程序设置的偏大一些，当回转角度到达规定值时，限扭开关动作，由于开关连接的机组安全链电路中，电路断开机组安全系统即控制机组停机。偏航系统中设置的偏航计数器，用于记录偏航系统所运转的圈数。当偏航系统的偏航圈数达到设计所规定的解缆圈数时，计数器则给控制系统发信号使机组自动进行解缆并复位。计数器的设定条件是根据机组电缆悬垂部分的允许扭转角度来确定的，设定值要小于电缆所允许的扭转角度。计数器一般是一个带控制开关的蜗轮蜗杆装置或是与其相类似的程序控制装置。

2. 偏航系统解缆和纽缆保护装置的工作方式

当风力发电机组到达设计规定的解缆圈数时，系统应自动进行解缆。此时，启动偏航电机向相反的方向转动进行解缆，最终将机舱返回到电缆无缠绕位置。在自动解缆的过程中，必须屏蔽自动偏航的动作。

二、偏航系统传感器介绍

1. 偏航系统传感器分类

偏航系统中的传感器用于采集和记录偏航位移。位移一般以当地北向为基准，有方向性。传感器的位移记录是控制器发出电缆解缆指令的依据。偏航传感器一般有两种类型：一类是机械式传感器；另一类是电子式传感器。

2. 偏航系统传感器的工作原理

（1）机械式传感器。机械式传感器有一套齿轮检测系统，当位移到达设定位置时，传感器即接通触点（或行程开关）启动解缆程序。机械式传感器是一种限位开关。

（2）电子式传感器。电子式传感器由控制器检测两个在偏航齿环（或与其啮合的齿轮）近旁的接近开关发出的脉冲，识别并累积机舱在每个方向上转过的净齿数（位置）。当达到设定值时，控制器即启动解缆程序解缆。电子式传感器是一种接近开关。

三、偏航系统传感器安装

1. 安装机械式传感器

直接通过螺栓将机械式传感器固定到底座上。传感器上的齿轮与大齿圈相啮合，齿轮将转动传递到凸轮开关轴上。在凸轮开关轴上，有三个凸轮环。其正常位置为，三个凸轮环之间的角度错位，可以单独进行调整。三个开关均为快动开关，即切换时间迅速，并且每个开关都有一个断路触点和闭合触电。机械式传感器安装示意图，见图 6-1。

图 6-1　一种机械式传感器安装示意图

2. 安装电子式传感器

首先，将电子式传感器安装到连接支架上。然后，再将连接支架安装到底座上。通过调整背紧螺母使电子式传感器与偏航齿圈齿顶之间的距离达到设计要求。为了正确地采集到信号，传感器与齿顶之间的距离一般应保持在 2.0~4.0 mm。电子式传感器安装示意图，见图 6-2。

图 6-2　一种电子式传感器安装示意图

四、偏航系统齿圈表面磨损的原因及其检测方法

1. 偏航齿圈表面磨损或断裂的原因

（1）强台风造成机组振动，齿轮过载断裂。

（2）偏航齿轮长期润滑不良（由于维护不及时，由盐雾腐蚀、风沙侵蚀等因素引起）。

（3）润滑脂选用不当。

（4）偏航减速器小齿轮与偏航齿圈啮合不良等。

2. 偏航齿圈表面磨损的检测方法

（1）渐开线齿廓磨损公法线长度测量。

如果被测量齿轮是单向传动，即仅一侧齿廓均匀磨损时，公法线长度减少值就可以近似地表示为齿厚的磨损量。因此，使用通用的量具测量齿廓的公法线长度变化是一种十分简便的方法。

（2）齿廓磨损齿厚测量。

齿轮也可以使用齿厚游标卡尺测量齿轮各部分的磨损。

（3）用光电比较仪测量齿轮磨损。

可采用机械和光电系统组成的光电比较仪准确地测量沿齿高各点上的磨损量。

（4）齿轮磨损放射测量法。

除了上面陈述的四种测量齿轮磨损的方法之外，还有铁谱仪测定磨屑法、齿面印制或模型复制法、凹痕测定法等方法。

五、偏航系统噪声产生的原因及其故障排除方法

偏航系统的偏航噪声产生的原因是非常复杂的，影响的因素是多方面的。其中，既有装配的因素，也有设计的因素，且各个因素之间相互影响又相互作用。偏航震动噪声产生的主要原因不在于单方面考虑摩擦副摩擦系数大小或者表面粗糙度如何，而是在于是否有利于干摩擦片润滑副的形成，以及润滑副的形成程度如何；是否真正实现了精确装配。因此，偏航震动噪声产生的主要原因有以下三点。

（1）偏航齿圈摩擦工作面的表面质量和稳定性，如网纹所在区域齿圈的表面硬度、网纹的形式、齿圈工作面的清洁程度。

（2）偏航制动设备摩擦片材料设计、制备阶段的完善性。

（3）偏航制动设备摩擦片的装配精度。

同时，机组偏航系统润滑不良也会造成偏航声音异常，发现此问题应及时进行补充润滑并进行检验。同时，还需要检查其他如偏航减速器本体、偏航齿轮啮合，偏航系统螺栓紧固等情况有无异常。机组载荷设计不当也可能引起偏航声音异常。

六、偏航限位开关的常见故障及其排除方法

偏航传感器通常由机械传感器和电子传感器两种组成。通过传感器可以通知控制系统电缆已经过度，需要立即解缆动作。解缆设定值由运行者按照厂家要求决定。故障将导致的机组电缆损坏，因此应经常检查，发现问题及时处理。常发生齿轮损坏、螺杆或止位挡块损坏和感光装置损坏等问题。

七、偏航制动装置和阻尼器工作介绍

1. 偏航制动装置和阻尼器介绍

偏航制动装置主要用于风电机组不偏航时，避免机舱因偏航干扰力矩而做偏航振荡运动，防止损伤偏航驱动装置。偏航阻尼器主要用于保证偏航运动平稳。为避免湍流和叶轮叶片受力不平衡所产生的偏航力矩而引起的机舱左右摆动，应采用偏航制动器（或阻尼器）来遏制产生偏转振荡位移；否则，会引起驱动小齿轮与驱动环轮齿间的来回撞击，使轮齿和小齿轮轴承受很大的交变载荷，引起轮齿和轮轴过早疲劳而失效。

当偏航系统使用滑动轴承时，因其摩擦阻尼力矩比偏航干扰力矩大得多，因此一般不需要另外配置制动装置和阻尼器。偏航制动装置和阻尼器仅在使用滚动偏航轴承的系统中应用。

2. 偏航制动装置和阻尼器分类

偏航制动装置有集中式、分散式、主动式和被动式等四种类型。

集中式一般使用类似于叶轮的圆盘式机械制动装置，用固定圆环代替旋转圆盘，固定夹钳代替随机舱运动的夹钳。机舱静止时，全部夹钳施加全部夹紧力起制动作用。偏航时，部分夹钳释放而部分夹钳施加部分夹紧力起阻尼作用。分散式是使用数量多达十几乃至几十个小时的被动式阻尼器，阻尼器由摩擦块、压力弹簧、压力调节螺杆和壳体组成。

制动器应在额定负载下稳定产生制动力矩，其值应不小于设计值。在机组偏航过程中，制动器提供的阻尼力矩应保持平稳，与设计值的偏差应小于5%，制动过程不得有异常噪声。制动器在额定负载下闭合时，制动衬垫和制动盘的贴合面积应不小于设计面积的50%；制动衬垫周边与制动钳体的配合间隙任一处应不大于0.5 mm。在偏航系统中，制动器可以采用常闭式和常开式两种结构形式。常闭式制动器是在有动力的条件下处于松开状态，常开式制动器则是处于锁紧状态。两种形式相比较并考虑失效保护的要求，一般采用常闭式制动器。常闭式制动器的制动和阻尼作用原理可以从图6-3中看出，制动块抵住制动法兰的端面，由油缸中的弹簧的弹力产生制动和阻尼作用。当要求机组做偏航运动时，从接头的油管通入的压力油压紧弹簧，使机舱能够在偏航驱动装置的带动下旋转。可以通过调整油缸中压力油压力的大小，来确定制动器的松开程度和阻力矩的数值。

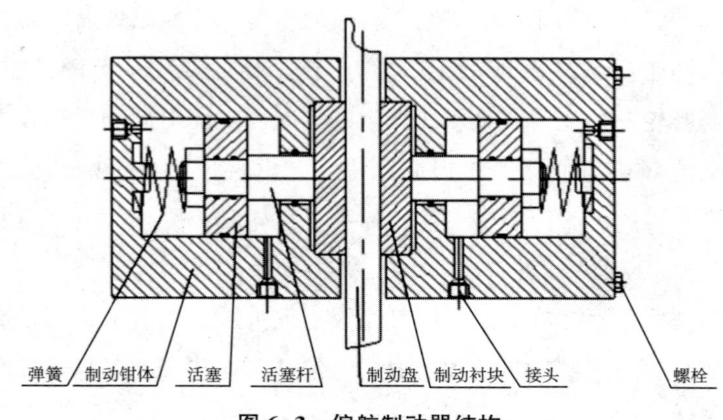

图 6-3　偏航制动器结构

制动钳上的制动衬块由专用的摩擦材料制成，一般采用铜基或铁基粉末冶金材料制成。铜基粉末冶金材料多用于湿式制动器，而铁基粉末冶金材料多用于干式制动器。

制动器应设有自动补偿机构，以便在制动衬块磨损时进行自动补偿，保证制动力矩和偏航阻尼力矩的稳定。

制动盘通常设置在塔架与机舱的连接处，制动盘的材质应具有足够的强度和耐磨性。如果与塔架采用焊接连接，还应具有比较好的可焊性。在机组寿命期内，制动盘不应出现疲劳损坏。制动盘的固定链接必须稳定可靠，制动表面粗糙度 R_a 应达到 3. 2μm。

八、偏航系统的维护

1. 偏航制动装置的维护

（1）偏航制动装置必须定期进行检查，制动装置在制动过程中不得有异常噪声。

（2）应注意制动装置壳体和制动摩擦片的磨损情况，如有必要，应及时进行更换。

(3) 检查是否有漏油现象，制动装置连接紧固件的紧固力矩是否正确。

(4) 检查制动装置的额定压力是否正常，最大工作压力是否为机组的设定值。

(5) 检查偏航时偏航制动装置的阻尼压力是否正常。每月检查制动盘和摩擦片的清洁度，以防制动失效。

(6) 定期清洁制动盘和摩擦片。

(7) 当摩擦片的摩擦材料厚度达到下限时，要及时更换摩擦片。更换前，要检查并确保制动装置在非压力状态下。具体步骤如下：旋松一个挡板，并将其卸掉。检查并确保活塞处于松闸位置上（核实并确保摩擦片也在其松闸位置上）。移出摩擦片，并用新的摩擦片进行更换。当由于制动装置安装位置的限制，致使摩擦片不能从侧面抽出时，则需将制动装置从安装位置上取下。**注意**，取下制动装置时，制动装置与液压站应断开。

(8) 当需要更换密封件时，将制动装置从其安装位置取下。注意取下制动装置时，制动装置与液压站应断开。卸下一侧挡板，取下摩擦片，将活塞从其壳体中拔出，更换每一个活塞的密封件。重新安装活塞，检查并确保它们在壳体里的正确位置。装上摩擦片后重新装上挡板，并安装紧固件。紧固件安装时，需按照设计要求涂抹润滑剂或者螺纹锁固胶，且力矩值需达到设计要求，并按要求做防松防腐处理。

2. 偏航轴承维护

(1) 偏航轴承必须定期进行检查，应注意轴承齿圈的啮合齿轮副润滑是否正常。

(2) 检查轮齿齿面的磨损情况，检查啮合齿轮副的侧隙是否正常。

(3) 检查轴承是否需要加注润滑脂，如需要，则按照规定型号添加润滑脂。

(4) 检查是否有非正常的噪声。检查连接紧固件的紧固力矩是否正确。

(5) 密封带和密封系统至少每 12 个月检查一次。在正常的操作中，密封带必须保持没有灰尘。当清洗部件时，应避免清洁剂接触到密封带或进入滚道系统。若发现密封带有任何损坏，必须通知制造企业。避免任何溶剂接触到密封带或进入滚道内，不要在密封带上涂漆。

（6）在长时间运行后，滚道系统会出现磨损现象。要求每年检查一次，对磨损进行测量。为了便于检查，在安装之后，要找出4个合适的测量点并在支承和连接支座上标注出来。在这4个点上进行测量并记录数据，此数据作为基准测量数据。检验测量在与基准测量条件相同的情况下重复进行。如果测量到的值和基准值有偏差，即代表有磨损发生。当磨损达到极限值时，应通知制造企业处理。

3. 偏航驱动装置

（1）必须定期检查减速器齿轮箱的油位，如低于正常油位，应补充规定型号的润滑油到正常油位。

（2）检查是否有漏油现象。

（3）检查是否有非正常的机械和电气噪声。

（4）检查偏航驱动紧固件的紧固力矩是否正确。

九、偏航系统故障检查

偏航系统故障一般有偏航电机超温、偏航传感器故障（对风不正确）、偏航反馈回路故障、偏航控制回路故障、偏航电机故障、液压刹车回路压力故障、解缆故障等。

偏航系统的检查范围应包括：检查传感器电源或控制回路电源；检查偏航电机状态和控制回路中各继电器、接触器以及接线状态；偏航机构电气回路；检查偏航传感器凸轮位置、状态及增量编码器的信号工作状态；检查风向标状态及其反馈回路状态；检查偏航反馈回路各模块和接线状态；检查偏航液压回路状态；扭缆传感器工作是否正常等。

复习思考题

1. 简述风力发电机组偏航系统解缆和扭缆保护装置的作用。
2. 简述风力发电机组偏航系统传感器工作原理分类。
3. 简述风力发电机组偏航齿圈表面磨损或断裂的原因。
4. 简述风力发电机组偏航系统噪声产生的原因及其故障排除的方法。
5. 简述风力发电机组偏航系统的维护要求。

参考文献

[1] 何七荣主编．机械制造工艺与工装[M]．北京:高等教育出版社,2011.12.

[2] 徐兵编著．机械装配技术[M]．北京:中国轻工业出版社,2005.7.

[3] 任清晨主编．风力发电机组生产及加工工艺[M]．北京:机械工业出版社,2010.5(2011.11 重印).

[4] 王亚荣主编．风力发电与机组系统[M]．北京:化学工业出版社,2013.12.

[5] 杨校生主编．风力发电技术与风电场工程[M]．北京:化学工业出版社,2012.1.

[6] 姚兴佳,田德编著．风力发电机组设计与制造[M]．北京:机械工业出版社,2012.10.

[7] 王建录,郭慧文,吴雪霞编著．风力机械技术标准精编[M]．北京:化学工业出版社,2010.2.

[8] 宋亦旭编著．风力发电机的原理与控制[M]．北京:机械工业出版社,2012.2.

[9] 姚兴佳,宋俊编著．风力发电机组原理与应用[M]．北京:机械工业出版社,2011.4(2014.11 重印).

[10] 赵雁,崔旋,戴天任,高聪颖,刘攀．风电偏航和变桨轴承的安装与维护[J]．轴承,2012(7):54—57.

[11] 王先逵主编．机械制造工艺学(单行本)[M]．北京:机械工业出版社,2008.

[12] 卢为平,卢卫萍主编．风力发电机组装配与调试[M]．北京:化学工业出版社,2011.

[13] 任清晨主编．风力发电机组工作原理和技术基础[M]．北京:机械工业出版社,2013.

[14] 赵雁,崔旋,戴天任,高聪颖,刘攀．风电偏航和变桨轴承的安装与维护[J]．轴承,2012(7):54-57.

[15] 胡伟辉,林胜,秦中正,张亚新．大功率风力发电机组齿轮箱减振支撑的结构特点与应用[J]．机械,2010(4):74-77.

[16] 邓重一．接近开关原理及其应用[J]．自动化博览,2003(5):31-34.

[17] 刘玉成．某 MW 级风力发电机组偏航系统震动噪声问题研究[J]．科技传播,2013(2):74-76.

[18] 吉科峰．风力发电机组增速齿轮箱结构形式比较[J]．科学之友,2012(8):24-26.